公共环境空间元素设计系列

城市标识导向系统规划与设计

朱钟炎 于文汇 著

中国建筑工业出版社

图书在版编目（CIP）数据

城市标识导向系统规划与设计／朱钟炎，于文汇著. —北京：中国建筑工业出版社，2014.10
公共环境空间元素设计系列
ISBN 978-7-112-17161-3

Ⅰ．①城… Ⅱ．①朱… ②于… Ⅲ．①城市规划－标志－设计
Ⅳ．①TU984

中国版本图书馆CIP数据核字（2014）第189160号

责任编辑：张惠珍　白玉美
版式设计：张悟静
责任校对：陈晶晶　张　颖

公共环境空间元素设计系列
城市标识导向系统规划与设计
朱钟炎　于文汇　著
*
中国建筑工业出版社出版、发行（北京西郊百万庄）
各地新华书店、建筑书店经销
北京锋尚制版有限公司制版
北京中科印刷有限公司印刷
*
开本：787×1092毫米　1/16　印张：11　字数：265千字
2015年3月第一版　2015年3月第一次印刷
定价：**96.00**元
ISBN 978 – 7 – 112 – 17161 – 3
　　　　（25930）

《城市标识导向系统规划与设计》一书的特点是将标识导向系统作为一个整体进行系统的研究，以国内外优秀案例的介绍和说明，阐述了丰富的理论内容，是指导相关设计实践的指南。确实，城市标识导向系统是一个涉及城市规划、城市管理、环境设计、产品设计、视觉传达等方面的多层次、跨学科的研究方向，它不仅仅是平面设计、产品设计和艺术设计的范畴，也属于规划设计和环境设计的范畴。一个完整的标识导向系统，重要的是对环境信息的传达以及在环境中合理的安置与应用，对城市次序的运营管理具有不可忽视的现实意义。

朱钟炎先生曾在2010年上海世博会标识导向系统规划设计项目中，为我的总规划师工作做了大量坚实的技术支撑，尤其是直接参与和指导了上海世博会前期标识导向系统的整体规划与设计一线工作，经过多年的大型项目的实践，积累了丰富的实际经验，本书是一份可贵的研究成果。本书中标识导向系统的规划设计理论知识也是目前市面上以图片为主的类似内容书籍所不具备的。因此，本书在标识导向系统的具体项目实践中具有很强的理论指导性，书中的案例实践也具有很强的参考性。附录部分中的"2010年上海世博会标识导向系统规划设计"设计案例是作者在2010年上海世博会导向系统的规划设计成果，也是相关设计方向不可多得的参考资料。

2010 年上海世博会总规划师
同济大学副校长

关于本书

内容简介

《城市标识导向系统规划与设计》一书属于设计类专业书籍。本书共有六章内容，分别是：标识与标识导向系统；城市与标识导向系统；标识导向系统的规划设计；标识导向系统的设计与表现；标识导向系统的管理和标识导向系统的未来发展方向。

第一章标识与标识导向系统首先介绍了标识的产生及其含义，并对其依据不同分类方式而分成的各种具体类型进行分类说明；其次，第一章还对标识导向系统的产生及其内涵进行了总结和阐述，并对标识与标识导向系统在内涵上进行了区分。

第二章主要阐述城市与标识导向系统的关系，论述城市结构的变化对标识导向系统的需求以及标识导向系统在城市中的功能及其意义；并以案例的形式对各种标识导向系统的类型和设计侧重点进行了分类的详细说明。

第三章的内容是本书的主要创新点和独特之处，主要内容是对标识导向系统的规划流程、规划方法和规划控制进行详细的介绍和论述，以期为从业者提供有力的理论基础和流程参考。

第四章的主要内容是对标识导向系统的设计与表现进行归纳和阐述。首先归纳了标识导向系统的十项设计原则；其次是对标识导向系统中标识的形式分类进行详细说明；第三部分是阐述色彩、文字与图形在标识导向系统中的作用及具体的运用方法；第四和第五部分分别对标识导向系统载体的各种形态和各类材质进行了详细介绍和说明，并阐述如何将其运用在各类标识导向系统中。

第五章的内容是标识导向系统的管理，主要阐述了标识导向系统在设计环节系统化的管理、施工环节系统化的管理、维护环节系统化的管理、后续改良环节系统化的管理，以及应急预案体系等管理方面的内容。

第六章是对标识导向系统的未来发展方向的展望，通过对各种定位导向技术、全息互动技术及"U-city"浪潮等新兴技术的介绍以及如何与标识导向系统有机结合的论述，寻找出标识导向系统更丰富的发展方向，以适应科技的发展和人们生活方式的逐渐变化，赋予城市标识导向系统时代性的特征。

本书特点

与目前市面上标识内容的书籍相比较，以往标识主题的书籍大多是以罗列案例图片为主，只重形式不作研究，本书的特点是将标识导向作为系统进行整体的研究，应该认识到标识导向本来就是一个系统。本书不仅有国内外优秀案例的介绍和说明，还具有丰富的研究理论以指导相关设计实践。

本书中标识导向系统的规划设计理论知识也是目前市面上标识内容书籍所不具备的，在标识导向系统的具体项目实践中具有很强的理论指导性。

此外，基于作者主持2010年上海世博会标识导向系统规划设计项目的实际经验，本书中的世博案例实践及其理论分析内容具有很强的参考性和指导性。附录部分中的"中国2010年上海世博会标识系统总体框架设计项目"设计案例是作者在2010年上海世博会导向系统的规划设计成果，是相关设计方向不可多得的参考资料。

出版目的

根据作者多年的教学和实践经验及相关研究，对于目前教学中需要的理论和知识，以及对于目前市面上同类主题书籍所缺乏的内容具有较为准确的把握，《城市标识导向系统规划与设计》一书旨在条理清晰地阐述标识导向系统各方面的理论知识，并依据多年从业经验和成功的实践案例分析，总结标识导向系统的规划和设计的具体流程和操作方法，以期能够丰富城市标识导向系统设计方向书籍的知识面，并为相关设计实践活动提供有效的参考指南和理论指导。

读者对象

《城市标识导向系统规划与设计》一书虽然属于设计类专业书籍，但是其市场和受众面相对目前市面其他同类主题的书籍要广泛。

本书不仅在教学上可以作为设计类专业本科和研究生教育的基础教材；同时由于本书在标识导向系统的规划流程、方法及设计与表现等实践方面具有详细的总结和阐述说明，因此还可作为相关设计单位在项目实践中有力的参考指南和指导资料。

在城市空间中充满着各种各样的媒体，传播着各种复杂的信息，而要让生活在城市中的人群能够快速、方便地获取各种必要的信息，就需要一个能够准确整理和梳理环境信息的系统来优化各种环境信息的有序性，并使得城市环境能够更易被生活在其中的人群认识和识别，这就是标识导向系统的主要功能。

标识导向系统是将环境信息运用系统化等手段转化为图像信息的视觉化语言，它用简单和快捷的方式最优化地传达环境的相关信息，从而使人们正确地识别并对环境做出准确的判断和反应。

标识导向系统能够指引人们在区域活动范围内的方向和路线，规范人们的活动范围，它具有很强的功能性，并且城市中标识导向系统的完善程度能够充分反映该城市的发达程度和文明程度。

城市标识导向系统是一个涉及城市规划、城市管理、环境设计、产品设计、视觉传达等方面的多层次、跨学科的研究方向，它不仅是平面设计、产品设计和艺术设计的范畴，也属于规划设计和环境设计的范畴，并非一般访间所认为的做几块标牌的事，它是一个系统设计。一套完整的标识导向系统不仅包括艺术化的平面设计，合理人性化的外观造型，更重要的是对环境信息的传达以及在环境中合理的安置和应用。在标识导向系统规划设计中，对于环境信息传达和规划放置方面的失误也许会比艺术方面的失误更为严重。在不合理的规划和信息传达方面的错误或遗漏，不仅会导致人们走错道路，浪费时间，人为地造成交通紊乱，更为严重的后果是可能会涉及生命安全。

第一章　标识与标识导向系统

一、标识

1．标识的产生及涵义

　　早在远古时代，人类的语言和文字尚未形成之时，原始人类就能够运用图形和符号记录他们所要表示的事物，并用其进行简单的沟通和交流。当时人类的生存环境比较恶劣和复杂，而人类的生存能力也比较低，大多数的原始人类采用群居的生活方式。原始的狩猎者和食物采集者为了在复杂的生活环境中不至迷路，以及提示后来者正确和便捷的行走路线，往往会在环境中留下记号表示方向，这些图形和符号都是原始人类生存本能的需要，它们有的凿刻在岩石上，有的刻画在树干上，有的用利器刻画在动物的甲壳或骨头上，有的也会勾画在沙土地上。虽然表现方式各异，但是这些图形和符号往往都具有很强的指示功能，能够帮助原始人类顺利地进行信息传达，这种用图形和符号传达信息的方式可以理解为标识的最原始的形态（图1.1、图1.2）。

　　可以说，标识在人类产生的初期就已经出现了，是与人类生活息息相关的必要因素。它具有很强的目的性和功能性，是人与人之间以及人与环境之间沟通和交流的重要环节。

　　随着人类的进步以及城市的产生和发展，标识也得到了进一步的演化，一些初期的标识逐渐出现，如牌楼、店铺招牌、塔楼、碑铭等。但是，古代城市的面积和规模有限，所以这段时期标识的功能主要是标示地点和位置。城市的发展必然带动标识的广泛应用，在这一过程中某些表示特定信息的具象图形和符号逐渐成为人类大脑中对其表达信息的直接反应，也就是说，当人类看到某些特定的物体、图形或符号、记号时，马上能够联想到它所要传达的具体信息，这些特定的物体、图形或符号、记号就形成了特定信息的指代（图1.3、图1.4）。

　　现在，对于"标识"的概念仍存在一些争议，对于其涵盖的范围也有一些不同的理解。有人认为标识与标志是等同的概

	1.3	1.4
1.1		1.5
1.2		1.6

图1.1
原始人类刻在石壁上的记号
图1.2
原始人类刻在石块上的记号
图1.3
东汉时期的牌楼
图1.4
清明上河图（局部）中的店铺招牌
图1.5
瑞士的环境功能标识
图1.6
日本东京的环境功能标识

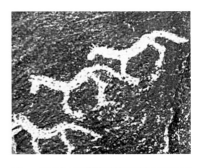

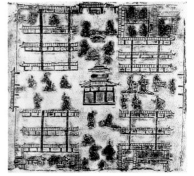

念；有人则认为标识的概念和范围应当更为宽泛。《辞海》中这样解释："标识，即'标志'"，而在"标志"条目之下则注有："亦作'标识'，记号"。在中文表达中，有"标识"、"标志"、"表识"、"标志物"等名词，这些词往往会被作为等同的概念而使用。但是在标识研究方面，业内人士趋于将"标志"与"标识"的内涵区分开来。

标志多指能够指代某种或某类事物的图形或者图形与文字结合的符号；而标识涵盖的范围更广一些，它不仅是指图形、图像、符号和文字等，还可以指能够将某些特征从一类事物中区别出来的物体、指令、动作等，它能够以多种方式存在。对于标识来说，更重要的在于最有效地传达信息，从而使人们产生正确的联想、判断和反应。所以，广义地说，标志也是一种标识，标识就是能够标示和传达特定信息的视觉实体。其内涵是将所要表达的信息用图形、图像、符号、文字或者物体、动作等方式进行表示和传达，它是一个将非实物化的信息用具有特定含义的实体形象进行表达并将信息准确传递的过程。

2. 标识的分类

（1）按所属范畴分类

1）环境功能标识

环境功能标识包括环境识别型标识、说明型标识、公益标识、方向引导型标识和方位说明型标识。这些标识都是在场所和环境中对不同的环境信息进行传达的标识类型。几类标识各自发挥其独特的功能，根据环境需要配合使用，从而准确向受众传达有助于理解环境的信息，并提示和引导受众在环境中的活动，使人与环境顺利交流（图1.5、图1.6）。

2）道路交通标识

道路交通标识是交通系统的必备要素，它通过标志、标线、地图、符号及文字等方式对道路交通路线进行标示和说明，以保障道路交通的安全需要，提高道路的畅通程度。道路交通标识属于强制性的标识体系，在国际上也有通用标准，要求直观、简洁，避免产生歧义和误解。道路交通标识系统与城市的出现和发展是同步的，它主要由交通部门及市政部门进行规划和管理。因此，现代道路交通标识系统的设计已经发展得比较成熟且规范化了（图1.7、图1.8）。

3）消防安全标识

消防安全标识也是标识导向系统中一个具有特定功能的分类。它主要用于传达环境中有关消防安全和消防设施等方面的信息，因此它是直接关系人民生命安全的一类标识系统。由于消防安全的重要性和必要性，城市管理部门会针对消防安全标识出台相关的行业标准，对消防安全标识的放置位置、设计原则和表现方法以及消防设施的维护和管理等方面都会予以规范化（图1.9～图1.12）。

（2）按功能类型分类

1）标示型标识

标示型标识包括环境识别型标识、说明型标识、公益标识等几大类，其功能主要是对环境信息进行标示和说明。

环境识别型标识用来标注环境的名称。它的表现方式很多样，往往都是与所处环境相互协调和统一的（图1.13、图1.14）。

说明型标识用于对环境的功能、特征等方面进行概括说

		1.13
1.14	1.15	1.16
1.17		

明。这种类型的标识主要出现在人流量较大的公共空间，例如公园、绿地等。在很多的展示空间中也会大量运用这类标识，对展示场所的概况进行解释说明，以使人们对环境有大致的了解（图1.15）。

公益标识用来约束人们的行为，提倡规范和文明行为方式。公益标识往往会以不同的方式实现其功能，有劝告式的、倡议式的，还有些是提示型的。除此之外，对于有危险隐患的地方，还会使用警示型或禁止型的标识（图1.16、图1.17）。

2）导向型标识

导向型标识主要是对环境和场所的方向信息进行引导性的图示和说明，这类标识具有很强的功能性，可以帮助人们在环境中决定路线和行进方向，从而顺利地到达目的地。导向型标识包括方向引导型标识、方位说明型标识。

顾名思义，方向引导型标识的主要功能是引导人们的方向，这类标识一般由标示环境名称的文字或图形加上具有指向作用的箭头类符号标识组成。在设置这类标识时一定要注意指示方向的准确，并且要注意其安置位置。一般来说，在环境中的每个交通节点都需要设置这类标识（图1.18、图1.19）。

3）方位说明型标识

方位说明型标识是对环境信息进行整体展示，用环境的整体平面图对环境信息完整全面地表达，以使人们对环境有直观和整体的了解，并将其在整体环境中的具体位置进行标识（图1.20）。

方位说明型标识经常设置在与环境识别型标识相近的位置，帮助人们在进入此环境之后立刻能够对自己的方位和环境的整体信息有所了解。此外，方位说明型标识一般还会设置在较大的交通节点处，并通过与连续的导向型标识的配合，帮助人们对环境的认知和掌握，并顺利地到达目的地（图1.21、图1.22）。

在比较空旷的地方，人们的方向感和行为能力会相对减弱，在这样的地方也需要方位说明型标识发挥其功能，帮助人们的定位活动继而确定行进方向。在一些海拔较高，可以俯瞰大面积景观的观光景点，也会使用方位说明型标识以帮助参观者更为便捷地进行观光和欣赏（图1.23、图1.24）。

4）象征型标识

象征型标识是使用事物的象征性意义来传达环境信息的标识方式。对于象征型标识而言，重要的不是某种固定的标识样

图1.18

法国巴黎街头的导向型标识

图1.19

东京地铁站内的导向型标识

图1.20

大连棒棰岛景区的方位说明型标识

图1.21

奥地利某景区的方位说明型标识

图1.22

奥地利某景区的方位说明型标识之细节

图1.23

奥地利街头的方位说明型标识

图1.24

奥地利街头的方位说明型标识之细节

1.20	1.21
	1.22
1.23	1.24

式或某个实体，而是其象征性意义和人们由其所产生的联想以及它所传达的环境信息。地标性雕塑、标志性建筑甚至某株具有特殊意义的植物等都可以作为标识表示某些信息。例如，人们看到自由女神的雕像就马上能够确定自己身处纽约；看到故宫就能够确定关于北京的环境信息等（图1.25、图1.26）。

（3）按表现方式分类

1）静态标识

静态标识是指用静止的方式进行标示、导向和引导的标识类型，目前大多数的城市标识导向系统使用的是这种方式。静态标识的特点是位置相对固定，使用的材料多样化，标识类型较多，涵盖的环境信息也较为全面（图1.27～图1.29）。

2）动态标识

动态标识是指用动态和富有变化的方式进行标示、导向和引导的标识类型。目前很多商业环境的标示型标识会采用动态的方式，例如，商圈中各个商场的招牌往往会用富有变化的霓虹灯光辅助展示。这种动态和富有变化的展示方式能够吸引人们的目光，更快地传达环境的主题和信息（图1.30、图1.31）。

3）光线标识

光线标识是利用光的作用实现导向功能的标示类型。以往，光线在标识导向系统中多数是起辅助作用，例如在黑暗环境中的标识牌有光线的辅助作用会更加清晰和明确，消防标识以及应急标识大都使用光线进行辅助导向。现在，也有一些导向标识是将光线作为主要的导向媒体进行设计，例如将箭头图形利用光影原理投射到地面或墙面上，或者用不同颜色的光源标示不同功能的环境等方式（图1.32、图1.33）。

4）声音标识

声音标识是在无障碍设计思潮的影响下产生的一种新的导向标识方式。它主要是帮助视觉有障碍的人群。由于视觉感官功能较弱，这一人群在获取信息方面往往会受到限制，这就会产生很多安全隐患。声音标识通过声音的方式向其传达环境信息，补足视觉障碍者在视觉获取信息上面的不足之处。例如，公交车上或地铁上的广播，或者是交叉路口表示信号灯剩余时间的语音和节奏，都是声音在标识导向系统中的运用（图1.34～图1.36）。

5）触觉标识

触觉标识是通过触觉感受传达环境信息的一类标识，它同样也是无障碍设计在标识导向系统中的体现。触觉标识往往会与听觉标识结合使用，同时用两种方式传达信息，以达到信息快速和准确地传递给视觉障碍者的目的。例如道路上的盲道，楼梯扶手上的盲文，这些都属于触觉标识的范围（图1.37、图1.38）。

1.33 | 1.35
1.34 | 1.36

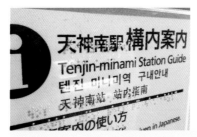

6）嗅觉标识

　　除了视觉、听觉和触觉外，嗅觉也是人类重要的感官功能之一。嗅觉标识往往不是以具体的图形、文字或者实际物体的形式出现，它是运用气味的挥发从而传达固定信息的一种方式。例如添加在燃气内的臭味能够帮助人们察觉环境的危险隐患，从而避免事故的发生。同理，也可以使用某种特定的香料及挥发设备放在视觉或听觉障碍者的家门口使气味在一定范围内挥发扩散，以引导他们回家的道路。

二、标识导向系统

1. 标识导向系统的产生

　　如果说标识是人类初期就出现的生存必备元素，那么标识导向系统就是伴随着城市的出现和演化而产生和发展的。城市需要秩序，生活需要节奏，随着人类文明和社会经济的发展，人类对于自己生存的环境质量和时间的利用率更为重视，对于标识导向系统的需求也更为迫切。在城市产生初期，随着商业和贸易的发展以及人流量的增加，逐渐产生了一些以牌楼、店铺招牌、塔楼、碑铭等形式出现的标识，这些标识对早期城市的空间划分以及对于人们行进路线的引导起到了很大作用（图1.39、图1.40）。

　　18世纪的工业革命，推动社会结构发生了根本性的转变。工业生产对于劳动力的需求以及人们对于城市文明的向往造成了大规模的人口迁移，城市人口数量也随之发生了很大的变化。此外，工业化推动了现代交通工具的涌现，火车、汽车、轮船不仅给人们的生活带来便利，随之产生的道路、车站、码头等配套环境和设施也给城市建设提出了新的要求。在工业革命初期的一段时间内，欧洲的城市经历了城市建设急剧膨胀但城市标识系统发展滞后的盲目扩张时期，城市人口的不断增多和城市环境翻天覆地的变化迫使城市管理者逐渐开始重视标识导向的功能。人们发现，依靠大量完善和规范的标识导向系统能够有效改善城市生活和交通环境，这是改变城市环境混乱和无序的必要手段。此后，标识导向系统逐渐广泛应用于现代城市的规划和建设中（图1.41、图1.42）。

随着社会经济的快速发展和人类文明的逐步提高，人们对城市环境的创造和改造活动也更加频繁，城市交通系统不断地扩建，公园、学校、商场和博物馆等公共环境不断涌现并向综合性和复杂性方向发展。然而，人们在日益复杂的城市公共环境中却很容易产生迷惑和问题，对于公共空间中各类环境信息的迫切需求使人们更加明白标识导向的重要性。

建筑、平面、景观等领域的设计师都在标识导向设计上做出了很多努力，但是在很多的设计实践中，设计师们发现自身设计领域的概念已经无法涵盖标识导向设计的全部范畴。例如，建筑设计师对标识导向的设计可能会忽略标识图形和信息传达等方面；而平面设计师对于二维平面的关注可能会与真实环境中的三维空间脱节。因此，随着设计行业的进步与发展，以及各个设计方向之间的密切交流，标识设计逐渐独立成为一个跨学科、多方面的新兴设计方向。

城市更加繁荣的发展和人们对城市环境的优化，使得标识导向的设计要求不断提高，不仅要能够满足其对环境信息的指示作用，更需要充分表现出自身的艺术性，并能够辅助环境设计烘托环境主题。在这样的设计趋势下，城市公共环境中标识

1.39
1.40

导向设计逐渐以全面和详尽并更为系统化的形式出现，与其所处的环境相映成趣。

2. 标识导向系统的内涵

顾名思义，标识导向系统包括"标"、"识"以及"导向"三个方面的内容。"标"指的是系统本身的标明和指代的作用，也就是用简单的图像语言表明环境内容，这属于客观的环境范畴；"识"的意义是"识别"、"认识"，这一部分是指受众对客观环境的了解，是一个主观认知的过程；"导向"是指系统对客观环境的指向，以辅助受众在了解环境信息之后能够做出正确的行为判断。城市标识导向系统是城市视觉形象的一个重要组成部分，它以系统化的方式，通过"标－识－导向"的过程帮助城市环境与人之间顺利、有效地沟通，轻松而又快捷地实现人与城市之间的对话，营造一个有序和谐的生活环境。

第二章　城市与标识导向系统

标识导向系统的发展历程与城市的产生和发展是同步的，标识导向系统见证了城市的发展，而城市的发展需求又不断地推动着标识导向系统设计水平的提高。一个城市的总体形象可能是由这个城市的历史、文化、规划、建筑风格等因素决定，但是保障城市环境与生活在其中的人们顺利交流的却是标识导向系统。可以说，标识导向系统是一个城市发达程度的体现，在现代城市环境中，标识导向系统已经成为城市生活中举足轻重的必要部分。

一、城市结构的变化对标识导向系统的需求

1. 现代城市的发展

18世纪的工业革命使得社会结构发生了翻天覆地的变化：一方面是大量人口向城市聚集，人口密度不断增大；另一方面工业化生产带动了火车、汽车、轮船等现代化交通工具的广泛应用。这两方面的变化迫切要求城市基础设施和配套设施的完善，城市建设进入发展高峰期，城市范围也不断扩大。城市结构的膨胀和城市数量的急剧增加，对城市的管理也提出了更高的要求（图2.1）。

2. 立体化的现代城市

城市面积和结构的快速膨胀以及飞机、火车、轮船等现代化交通工具的广泛应用，推动了城市道路系统的快速发展。城市主干道路、城市辅路、高速公路、高架桥、立交桥、地铁、桥梁、过街天桥、过街隧道、过江隧道等交通基础设施不断涌现，使得城市整体面貌发生了日新月异的改观（图2.2）。

除此之外，城市中的其他设施也在不断地扩建和建设，公园、学校、商场、写字楼等各种大型公共场所不断增加，可以说现代城市中的人们生活在一个空前复杂的环境中。对于每个生活在现代城市中的人而言，周围的环境越是复杂就会越感觉到自身的渺小。如果在这种立体和复杂的环境中没有相应的指引和导向的话，城市环境将会变得杂乱不堪（图2.3）。

2.1
2.2
2.3

图2.1
早期的芝加哥城市形象
图2.2
立体化的城市空间——上海
图2.3
复杂的城市空间——东京

3．人口流动量的提高

科技的进步带动了现代交通的飞速发展，同时社会经济的发展会使得国家与国家之间、地区与地区之间的学术文化交流和经济贸易往来更为频繁，而人们对于城市文明的向往也推动了旅游观光业的飞速发展。城市，特别是国际化大都市中的人流量大幅提高，外来人口呈现前所未有的增加趋势（图2.4）。

对于初次到达陌生都市的人们来说，复杂的城市环境往往会使他们迷失其中。这就要求城市中的标识导向系统不仅要为长期生活在其中的居民服务，更要满足外来人员的需求，确保环境信息顺利准确地得到传达，这样可以提高城市的亲和力，提升城市的形象和好感度。可以说，一个城市的开放程度和文明程度与标识导向系统的完善程度是成正比的。

4．同质化的城市

随着经济全球化和新媒体的迅速发展以及大规模的城市化进程，越来越多的城市面临景观元素趋同、文化特色丧失等问题，很多新兴城市让人产生"千城一面"的感觉，建筑、景观元素无法突出城市的文化、塑造城市的独特形象。这样的局面不仅会造成人们的审美疲劳，更为严重的是它容易使置身其中的人们对环境产生迷惑和感知上的混淆。过去，人们对于环境的感知主要是通过对建筑、道路等视觉实体的印象作为参照物产生方位的定位，而在同质化趋势影响下的城市环境中，建筑

形式、道路面貌越来越具有相似性，这必然使环境自身的可识别性降低。这就要求城市管理方面重视标识导向系统在城市空间导向中的作用，具体环境具体分析，完善城市环境中的标识导向系统，提高城市环境的可识别性，使置身在其中的人们快速便捷地了解城市环境信息。

5. 信息的泛滥与混乱

在城市环境复杂化和多样化的情况下，标识导向的作用得到重视，在城市公共环境中得到广泛使用。但是，随着城市日新月异的发展，城市的环境信息也随之变化。如果标识导向更新滞后，就无法充分发挥其作用，反而会产生不良的效果。同时，环境的复杂化和立体化，必然会使环境信息产生多层次、多样化的局面，如果对于标识导向系统没有统一、系统的规划与管理，多个不同范畴的标识导向系统的视觉效果互相对抗，不仅会导致环境信息的混乱、繁杂，更无法让人们快速、准确地捕捉环境的导向信息（图2.5、图2.6）。

不同范畴的标识导向系统应该在城市有关部门的协调下进行整合，以利于提高不同标识导向系统的功能并优化城市景观效果。

二、标识导向系统在城市中的功能及其意义

城市空间复杂性的增长往往会造成人们生活便捷性的降低，纷繁复杂的空间环境往往会使身在其中的人们，尤其是初到该城市的人群不知所措。然而城市的发展势不可挡，这必然

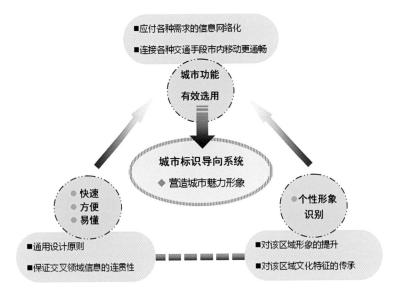

■应付各种需求的信息网络化
■连接各种交通手段市内移动更通畅

城市功能
有效选用

城市标识导向系统
◆ 营造城市魅力形象

●快速
●方便
●易懂

●个性形象
识别

■通用设计原则
■保证交叉领域信息的连贯性

■对该区域形象的提升
■对该区域文化特征的传承

图2.7
标识导向系统在城市中的功能图示

要求有一个环节使城市环境与生活在其中的人能够顺利进行沟通，并使城市的多元复杂环境能够充分发挥其功能和优势。标识导向系统恰恰是提高城市易读性和亲和力的有力手段和重要环节，它在现今的城市生活中是不可或缺的，并且是构成城市视觉形象的重要组成部分。

标识导向系统是具有很强功能性的城市公共设施，它最根本的功能就是环境信息的传达和导向提示，帮助人们顺利了解环境，并对环境信息做出正确的行为选择，从而改善人与生存空间的交流并提高环境质量。此外，标识导向系统作为城市公共环境中必不可少的一个组成部分，还应该与城市的其他公共设施一样具有良好的视觉艺术形象，符合城市环境特色和城市文化内涵并能够与环境氛围协调，辅助环境塑造城市形象。

城市标识导向系统是一个城市文明程度和管理水平的良好体现，它的功能性能够将复杂的环境信息简单化、条理化，并规范和指引人们的活动方向和活动范围，因此它在维持城市秩序的方面也具有很重要的意义。完善标识导向系统能够将城市的环境信息全面地展示在人们面前，避免人们在复杂城市环境中产生迷失和迷惑，还可以提高城市空间的利用率，提升城市的亲和力。此外，标识导向系统是人们对城市视觉认知的一个很重要的因素，而城市标识导向系统在视觉方面具有很强的艺术性，因此它在塑造城市形象、改善城市视觉环境方面也具有相当积极的意义（图2.7）。

三、城市标识导向系统的分类

　　标识导向系统必须满足环境空间的功能性需求和服务对象的实用性需求。环境的因素十分复杂，如环境的功能、性质、空间特点等；而服务对象也是由多种人群组成，并且也会因使用交通工具的不同而产生不同的需求。不同的环境特征、性质和功能以及不同的服务对象都会制约和影响标识导向系统的定位、规划和设计等方面。

1. 根据服务对象分类：行人标识导向系统和车辆标识导向系统

（1）行人标识导向系统

　　行人导向系统是指以行人为服务对象的标识导向体系，这类导向系统所处环境中的人群以行人居多，因此在设计行人导向系统的时候要考虑行人的视觉高度、视觉范围等人机工程学方面的因素，还要调查行人的行为特征和寻址需求。相对于车辆的寻址需求而言，行人具有更强的不确定性和多方向性，因此，在信息表达方面，应该尽量考虑更为全面的信息（图2.8～图2.10）。

（2）车辆标识导向系统

　　车辆导向系统以行驶车辆中的驾乘人员为主要服务对象，由于车辆大部分的行驶范围是在道路上，所以车辆导向系统中很大一部分属于道路交通导向系统。它的主要功能是反映路

2.8 | 2.9 | 2.10

图2.8
奥地利的行人标识导向系统
图2.9
台湾地区的行人标识导向系统
图2.10
荷兰的行人标识导向系统

况信息，通过标示、提示和警戒来规范车辆的行驶路线，保障道路的畅通和行车的安全。还有一部分车辆导向标识主要用来提供停车场、加油站等与行驶活动相关的场所的环境信息（图2.11、图2.12）。

由于车辆的行进速度、视线高度等因素与行人完全不同，车辆导向系统的设计与行人导向系统是完全不同的两个范畴。车辆标识导向系统信息载体的体积较行人标识导向系统要大得多，并且图案和文字与底色的色差度更大，标识内容的面积也更广，这样才能确保在远距离和高速度行驶时能够顺利地传达环境信息的内容（图2.13、图2.14）。

2. 根据所处环境分类：室内标识导向系统与室外标识导向系统

（1）室内标识导向系统

室内标识导向系统服务的环境是室内公共空间环境，室内的公共环境空间也分很多种类型，例如购物中心、火车站、地铁站、机场、办公空间、展览馆、医院等。这种室内环境往往结构复杂，对于置身在其中的人们来说标识导向系统能够帮助他们了解环境，从而获取准确的环境信息，做出正确的行动反映。不同功能的环境会有不同环境特点，同时主要活动的人群也会不同，因此各类环境的标识导向系统在规划和设计的时候都会有不同的侧重点和特色。

1）购物中心的标识导向系统

购物中心的环境特点是空间结构相对复杂，而且大型购物中心内部往往是一个相对独立于外界的环境，人们用于辨别方

2.13
2.14

2.11 2.12

图2.11
美国的车辆标识导向系统
图2.12—图2.14
奥地利的车辆标识导向系统
图2.15—2.18
日本东京某商场内的标识导向系统

向、位置的参照物相对较少或陌生，因此如果标识导向系统建立得不够完善的话，消费者有可能需要花较多的时间、精力寻找目标方位。

购物中心的标识导向系统，严格地说可以分为消费服务系统和物流系统。购物空间的主要活动人群主要分为两大类，一类是工作人员，物流系统的标识导向主要是为他们服务的。另一类是在其中进行休闲购物消费的人群，这其中，休闲活动消费的人群是购物中心的主要活动人群，消费服务系统的标识导向则是针对他们的。这部分人群具有不确定性和很强的流动性，他们对于这个环境往往是不熟悉的，且对于环境导向的需求不具备很强的目的性，因此购物中心的标识导向系统的设计应主要从活动人群的需求出发，侧重环境方位说明型的标识，将环境的整体结构展示给人们，并配合导向型标识和标示型的标识，使人们既能够对整体环境和自己的方位有一个明确的认识，且在需要寻找明确环境目标的时候又能够准确地到达。

一套较为完整的标识导向系统应该能够让人们清楚地了解整个购物中心的结构布局，明确他们在整个商场的当前位置，并且知道目标地点的方位，以及可以通过哪些路线到达目标地点，从而降低顾客的困惑和脑力负担，使消费者能够在商场中轻松购物（图2.15～图2.18）。

2）机场、火车站和汽车站的标识导向系统

机场、火车站和汽车站属于交通体系的基础配套设施，这类建筑的体量相对较大，并且对功能区域往往有明确的划分。机场、火车站和汽车站这类公共环境中的人流量很大，相对比较拥挤，并且人流速度较快。其中，主要人群是出行或到站

2.15 | 2.16 | 2.17
2.18

的旅客，这类人群对于环境信息的目的性需求很高，且需要准确、快速地捕捉到自己需要的相应环境信息。因此，机场、火车站和汽车站中的标识导向系统一般体量较大，文字、图案色彩鲜艳且对比度高，方向性要求明确、清晰，以方便环境信息快速准确的传达。

对于这类环境中的标识导向体系，导向型标识的功能非常重要，它直接决定人们对环境方向的把握。在机场、火车站和汽车站中的标识导向系统必须既有条理又简洁明确，传达的环境信息也必须准确无误，此外还需要具有很强的连续性。因为这类环境中的标识导向系统一旦导向方面发生错误，不仅会直接导致人们多走弯路，还可能造成乘客误车、误机等问题，产生不必要的经济损失。例如，上海南站由于建筑形体平面是圆形，站内方向感很差（机场、车站这类建筑，平面不适合设计成圆形），且标识导向系统做得并不到位，无法弥补圆形建筑平面上极差的方向感缺陷。现实中，旅客由于找不到目的地，打圈耗费时间、耽误上车的情况时有发生，还会人为产生拥堵和次序混乱等现象。

机场、火车站和汽车站的建筑体量较大，且空间和通路相对比较复杂。在这类环境中，除了来往的旅客以外，还有一部分迎来送往的人群；且这类场所中的人们经常需要约定碰面的地点，故而在机场、火车站和汽车站的标识系统中还应考虑设置会面标识点，以方便人们在环境中的定位并能够顺利会面。

此外，机场、火车站和汽车站等交通配套环境往往是一个城市的出入口，它们是人们初步了解城市的窗口，因此这类环境内的标识导向系统除了具备准确、快速地传达信息的功能，还应该简洁得体，充分体现一个城市的形象和性格。在机场、火车站和汽车站的活动人群中有很大一部分是对城市环境并不熟悉的旅客，因此，在满足机场、火车站等具体环境的信息导向系统之外，还应该设置对城市交通进行详尽介绍的标识体系，使城市的客人能够了解城市，缓解人们对于陌生环境的不安全感和紧张感（图2.19～图2.26）。

3）地铁站的标识导向系统

随着城市立体化进程的加剧，城市轨道交通成为很多城市中公共交通的一个重要组成部分，越来越多的城市将公共交通网路发展到地下，与此同时，地铁站也成为城市居民日常出行必然经过和使用的公共环境。

地铁站的空间环境往往比较立体和复杂，人们从进站到坐上轨道交通工具往往要穿过几层立体空间，几条轨道交通的交

2.19	2.20
2.21	2.22 / 2.24
	2.23 / 2.26
2.25	

图2.19—图2.22
日本东京成田机场的标识导向系统
图2.23—图2.26
日本新干线博多站的标识导向系统

接站点或具有换乘功能的地铁站的内部空间往往更加复杂。此外，人们在地铁站这种半封闭的地下空间中对方向的识别和定位能力会大幅度的下降。因此，处在地铁站中的人们对于环境的认识和方向的辨别主要是依靠标识导向系统。

地铁站是连接地下轨道交通和地面城市环境的纽带，因此地铁站内的标识导向系统具有延续性，它不仅存在于地铁站的建筑空间内部，还会延续到地铁站周围地面上的环境和设施。但是地铁站的功能性相对简单，在其中活动的大部分人群的主要行为是乘坐地铁和到达站点后继续前往下一个目的地点，因此地铁站中的标识导向系统主要为导向型标识和方位说明型标识。

地铁站除了具备环境相对立体和复杂的特点，大部分的地铁站的建筑空间往往处于地下或半地下等半封闭的空间，且由于人流量大、人流速度较快并相对较为拥挤，故而人们迫切需要快速地获得相应的环境信息和方向指示，因此地铁站中的标识往往面积较大、字体清晰、色彩分明，同时还会运用墙面、地面、悬挂、声音等多种传达方式，以保障环境信息顺利、准确地传达。此外，由于地铁站建筑环境的限制，其中的标识导向系统往往要辅助运用内光源或外光源以达到良好、清晰的视觉效果，

地铁站是城市中重要的公共交通设施，在其中活动的人群较为多样化，所以其标识导向系统还应充分考虑无障碍的设计理念，考虑老年人、儿童和残障人士等特殊人群的需求，运用触摸、光线、声效等多种方式辅助标识导向系统，使其功能性

2.27 | 2.28

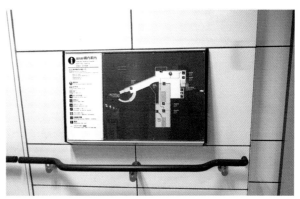

能够最大限度地发挥。如图2.27～2.32所示，日本福冈七畏线内的标识导向系统采用地面、墙面、声音、光线及触摸等传达方式相互配合，最大限度地服务于各类人群。

4）办公空间的标识导向系统

办公空间具有相对简洁和现代的环境特点，在这个前提下每个公司应该根据自己的企业文化特点，对办公建筑的内部装饰做不同风格的诠释。办公空间中活动的人群大部分是工作人员，这些人群对于办公环境的结构和空间相对熟悉和了解，因此办公空间中的标识导向系统应以标示型标识和导向型标识为主，也就是说这两类标识在办公空间中的使用率会较高。

此外，每个公司都有自己的企业文化和企业形象，而标识导向系统是在环境系统中与人交流最为频繁的视觉要素，可以说标识导向系统是企业环境的名片，因此标识导向系统除了要在视觉风格上满足功能性之外，还应该符合公司自身的定位，具有较高的视觉艺术性和整体协调性，与办公环

图2.27—图2.32
日本福冈七畏线内的标识导向系统

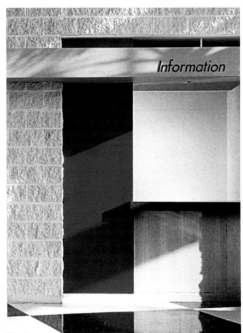

图2.33～图2.36
美国詹姆斯.H.伍德赛德会议中心标识
导向系统
图2.37～图2.39
美国加州苹果电脑公司研究开发园标
识导向系统

境内部风格协调统一，促进企业形象的塑造和提升（图2.33～图2.39）。

5）博物馆、美术馆、展览馆的标识导向系统

博物馆、美术馆、展览馆等涉及展示功能的环境往往会具备与展览主题相契合的环境氛围，根据展示内容的需要有时需要对参观者的参观路线进行提示和约束，在这种情况下，导向型标识的连续性就显得尤为重要。

此外，这类环境的主要功能是展示各种展品，因此标示型标识和解释说明型的标识数量较多。在博物馆、美术馆、展览馆等展示空间环境中往往会有特定的主题和氛围，标识导向系统应该与环境风格相融合并符合展览的主题，同时又不能忽视了导向标识的功能性，做到既隐性又显性，也就是既融于环境，又能够在参观者需要的时候迅速地起到传达环境信息的作用。如图2.40～图2.43所示，为日本长崎美术馆标识导向系统，简洁、个性的标识设计凸显长崎美术馆的现代感；如图2.44～图2.47所示，法国巴黎奥塞博物馆标识导向系统则在简洁明了的同时，兼具与环境相匹配的艺术性和古典气质。

6）医院的标识导向系统

除了上述几类室内公共环境之外，医院也是对标识导向系统需求较高的室内公共环境。在医院中除了医生和护士等工作人员，大多数活动人群是对医院环境并不熟悉的病人及其家属，由于医院管理体系的原因，这类人群在医院往往需要办理多种手续，他们活动的特征往往具有目标性，并且需要连续几

2.40	2.41
2.42	2.43
2.44	2.45

图2.40—图2.43
日本长崎美术馆标识导向系统
图2.44—图2.47
法国巴黎奥塞博物馆标识导向系统

2.46 2.47

个不同的目标地点。因此，医院中的标识导向系统须充分满足活动人群的需求，方位说明型标识和方向引导型标识以及环境识别型标识应相互配合，环环相扣，以帮助病人及其家属能够顺利地找到目标地点，从而节约体力、节省时间，体现对病人的关怀和体贴。

此外，医院标识导向系统还要体现人性化。例如，充分运用无障碍设计理念，满足听觉、视觉、肢体等方面有障碍的人群以及老年人的需求。医院由于其工作环境和特殊的功能性，往往容易让人产生距离感和冷漠感，因此医院的标识导向系统还应该在视觉艺术性方面进行柔和化的设计，使其发挥导向性功能的同时缓解环境的紧张感，降低环境的冷漠感和距离感，使置身其中的人们在情绪和心情上得到一些舒缓。如图2.48～2.52所示，为日本梅田医院标识导向系统，采用柔软的布料材质和暖色调的标识字体，减轻了环境的冷漠感，提升了环境的亲和力；易于拆卸和清洁的设计也与医院环境的洁净感相得益彰。如图2.53～2.56所示，为美国亚历山大皇家儿童医院标识导向系统，采用鲜明的色彩和趣味化的图形设计，容易吸引和转移儿童的注意力，从而缓解儿童对就医的紧张感。

（2）室外标识导向系统

室外标识导向系统服务的环境是室外公共空间环境，室外公共空间环境也分为很多种，例如道路、公园（主题公园）、

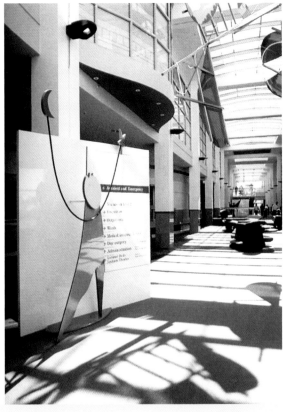

绿地、大型博览会、校园、码头、公交站等。室外标识导向系统的功能性与室内标识导向系统是一致的，不同的是，由于室外环境受环境气候等外界因素的影响较大，故而在材质的选取方面具有一定的局限性，在安装和施工等步骤上，其对于标识载体的稳固性方面也具有较高的要求。

1）道路标识导向系统

道路标识导向系统与人们的日常出行密切相关，它的服务对象分为行人和车辆的驾乘人员两类。道路标识导向系统是最早出现的一类标识，也是一个相对独立的导向体系，它是由城市管理方直接负责，对于规范化和标准化的要求很高，基于它在城市交通中的重要作用使其能够受到较多的重视，因此道路标识导向系统的规划设计已经形成了相对成熟的体系。道路标识导向系统是线性导向的方式，对它而言，最重要的是标识的连续性，并且需要对标识之间的距离、标识牌与标识字体和图标的比例以及标识安放的位置进行科学的研究和分析，以确保其能够充分发挥自身的功能。尤其是为车辆驾乘人员服务的标识导向系统，更需要注意上述几个方面的因素，因为车辆的行驶速度较快，且视线范围较低，如果路况信息不能及时、准确并有效地传达给驾驶人员，不仅会造成绕弯路的后果，更会造成交通的拥堵和能源的浪费，更为严重的可能还会危及驾乘人员的生命安全（图2.57～图2.60）。

2）公园、绿地等公共室外景观带的标识导向系统

公园、绿地、主题公园等公共休闲活动场所环境面积相对较大，为了提高其景观的观赏性，设计者一般会将其中的活动路线规划和设计得较为蜿蜒和曲折，而这类环境中的活

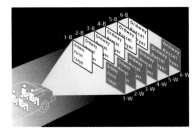

2.57 | 2.58
2.59 | 2.60

图2.57～图2.60
美国得克萨斯州道路标识导向系统

动人群往往对环境又不是很熟悉，因此公园、绿地、主题公园等场所进行标识导向系统的规划设计时侧重坏境方位说明型的标识的设置，并配合导向型标识和标示型的标识，共同进行环境信息方面的传达。

公园、绿地等公共室外休闲活动场所，其自身具有良好的景观观赏性，因此这种场所中的标识导向系统不仅要能够发挥标识和导向的功能，在其表现方式和载体设计方面还应该与环境氛围相融合。在室外景观环境中的标识导向系统往往采用石材、木材、竹材等天然材质，并尽量使用环境中自有的视觉元素和自然形态，避免出现与休闲和放松的自然环境格格不入的设计元素。如图2.61～图2.65所示，为日本横滨象鼻公园标识导向系统，其在色调的造型设计上均与环境及环境设施特征相协调，并与其所处的环境浑然一体。图2.66～图2.69所示为巴黎杜勒里花园标识导向系统。

同时，公园、绿地、主题公园等公共休闲活动场所由于景观的美观性要求，往往会由多种景观元素和小环境组成，例如树林、水景、假山等，除此之外，还会有很多配套的公共景观设施。所以，在这类环境中需要数量较大的公益标识，起到对公众行为的倡议、提醒、警示等作用，用以规范公众的行为，维护良好的公共环境和安全的公共秩序。

此外，在这类室外环境中，动物园中的标识导向系统与公园、绿地及主题公园中的标识导向系统有很多共同之处，例如良好的景观观赏性、采用与环境相融合的造型和材质等。但是，动物园由于其环境设置和观赏路线的特殊性决定

2.61	2.62	2.63
2.64	2.65	2.66
	2.67	2.68
		2.69

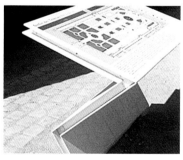

图2.61—图2.65
日本横滨象鼻公园标识导向系统
图2.66—图2.69
巴黎杜勒里花园标识导向系统

了自身的标识导向系统与公园、绿地中的标识导向系统有很大的不同。具体来说，由于各种动物习性的差异以及动物门类和科目的划分等方面的原因，动物园中的场馆和展区设置均是经过详细安排和规划的，因此一般在动物园中，游客的观赏路线往往都是单一路线行进的，这样能够维持游客游览活动的安全性和有序性，也有利于维护动物园中的动物和设施。动物园中的标识导向系统在导向型标识方面要注意衔接性和连续性，尤其是在动物展馆或展区切换的道路交叉节点和衔接道路中，应该充分发挥引导游客路线的功能，并配合环境说明型标识和标示型标识帮助游客顺利地进行游览和参观。不仅如此，由于动物园的活动人群中儿童占了很大一部分，所以在设计动物园的标识导向系统的载体和平面图形等视觉元素的时候，尤其要注重形态的趣味性和互动性，增加环境的亲和力和交互性，以便激发儿童参观者的兴趣，使他们的游览参观过程更加愉快和轻松。如图2.70~图2.73所示，阿根廷布宜诺斯艾利斯动物园的标识导向系统运用鲜明的色彩和趣味化的图案提升环境的亲和力，并将相关动物知识融入标识导向系统中，使儿童在游玩的同时又能获得丰富的动物知识。

3）展会、博览会中的标识导向系统

随着工业化的飞速发展，经济全球化程度的不断加深，全球各行业、各区域间的交流更加密切，由此产生的涉及各行各业的大型博览会、展览会、展销会和交流会较之以往更为丰富和频繁。由于博览会、展览会等活动都是暂时性的，只在一定

2.72 | 2.73
2.74a | 2.74b

的时间段内举办，所以在这种环境中的人们无论是工作人员还是参观者，对环境都不是很熟悉，且大型的博览会、展览会的参观者的目的性也比较明确，因此标识导向系统在这种环境中具有举足轻重的作用。

大型展览会的区域面积往往较大，而且其中的展馆或者展区也比较多。在规划大型展览会时，标识导向系统一般会根据区域或功能等方面进行划分，相应地采用不同的颜色体系辅助标示出标识导向系统在环境中的区域所属或功能性质，以方便活动人群对大范围环境中区域信息的获取。如图2.74～图2.79所示，东京会展中心标示型标识导向系统采用不同的颜色表示不同的区域范围，通过标识颜色的区分帮助人们对活动区域进行准确定位。

2.75

2.76 | 2.77

2.78 | 2.79

　　同时，由于博览会、展览会等活动的暂时性和临时性，标识导向系统在设计的时候要着重考虑安装、运输和拆卸等方面的因素，以及材料是否环保，尽量采用简单的结构和轻便、易回收的材质，以方便布置装配以及使用后的回收利用。例如，爱知世博会标识导向系统和名古屋视觉对话会议会场标识导向系统均采用易装配、易拆卸的结构设计，便于会展结束后材料的回收和再利用（图2.80～图2.91）。

图2.75～图2.79
东京会展中心标识标识导向系统

案内サイン

1：空間の関係性を表現する全体マップとエリアマップ
2：複雑な会場を 3D(CG) により表現
3：日本的イメージを創る布と竹のデザイン

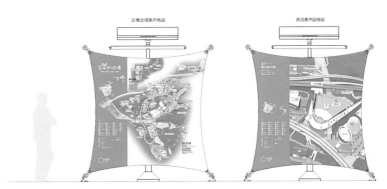

会場全域案内地図　　　　　　　周辺案内図地図

表示面には、生分解性樹脂膜を採用

誘導サイン

1：重要度に応じて 3 種類の大きさのサインを設定
2：催事情報と組み合わせた情報提供
3：伸針張りのイメージの表示面

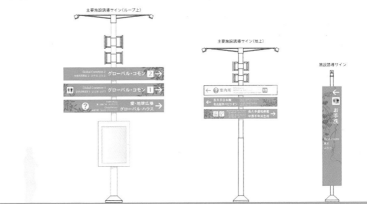

主要施設誘導サイン（ループ上）　　　　主要施設誘導サイン（地上）　　　施設誘導サイン

图2.80—图2.82

爱知世博会标识导向系统

第二章　城市与标识导向系统／45

竹集成材の特性を活かした構造

ITサイン

1 : 様々なリアルタイム情報を提供するITサイン
2 : 場所に応じた混雑情報の提供
3 : 来場者行動を平準化するサービス情報

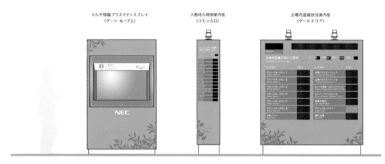

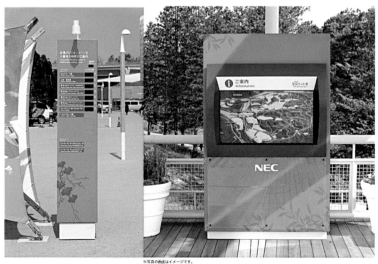

パビリオン混雑情報　　　　初の屋外型マルチ情報プラズマディスプレイ

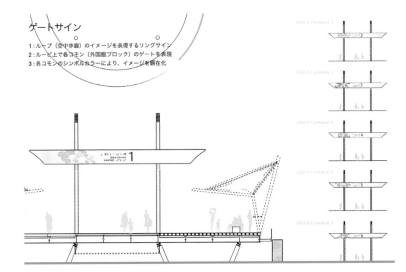

ゲートサイン

1：ループ（空中歩廊）のイメージを表現するリングサイン
2：ループ上で各コモン（外国館ブロック）のゲートを表現
3：各コモンのシンボルカラーにより、イメージを顕在化

2.86
2.87 | 2.88
2.89

图2.86—2.87
爱知世博会标识导向系统
图2.88—2.89
名古屋视觉对话会议会场标识导向系统

4）校园标识导向系统

优越的教学条件和优美的校园环境是一个学校塑造形象和提升竞争优势的体现。近年来，校园的面积和建筑也在不断扩大，同时校园也是城市中人口较为密集的一个区域，在这样的前提下校园内必须有完善的标识导向系统才能够使校园的环境秩序进行正常运转。

校园内的标识导向系统除了满足自身的功能性之外，还应该融入校园景观，符合校园景观的主题，展示学校的文化气质，彰显学校的文化氛围。校园的标识导向系统应该根据学校的文化和精神，以校园本身的特点展开设计，在标识造型、材质的运用等方面进行充分的研究，以期塑造学校特色和个性的整体形象。如图2.92～图2.96所示，为巴黎某大学标识导向系统，其运用不同的色彩表示不同的区域范围，明快的色彩和符合人机工程学的形态设计不仅方便人们快速、直接地接收环境信息，同时还能凸显环境的亲和力和人文氛围。如图2.97～图2.100所示，为东京大学本校区标识导向系统，高对比度的色彩设计及简洁现代的造型和质感，与学校严谨治学的文化氛围相得益彰。

5）码头、港口的标识导向系统

码头与火车站、机场一样均属为交通体系服务的基础配套设施，同样，处在其中的主要人群也是出行或到达的人们，这类人群对于环境信息的目的性需求很高，并且需要准确、快速地捕捉自己需要的相应的环境信息。因此，码头的标识导向系统与火车站、机场等环境一样，需要体量较大、对比度和色彩饱和度较高的，并且还能快速并明确地传达环境信息的标识

导向系统。

　　除此之外，码头由于其自身环境的特殊性，也与火车站、机场等有着不同的方面。码头的位置一般位于湿气和潮气较重的水域附近以及海边区域，这种环境往往会使标识导向系统的主题出现被腐蚀、老化，以及色彩斑驳脱落等问题，因此在选用材质时要充分考虑材质的耐腐蚀性，并且要加大维护力度，保持标识导向系统的完整性和信息传达的准确性。

　　对于室外标识导向系统，有些季节性台风的地区还要考虑其抗风能力，包括对标识系统单体稳固性的设计，以及安装的牢固性等施工工艺方面的需求（图2.101～图2.106）。

| 2.99 | 2.100 |
| 2.101 | 2.102 |

2.103	2.104
2.105	2.106

图2.99—图2.100
东京大学本校区标识导向系统
图2.101—图2.106
横滨码头标识导向系统

第三章　标识导向系统的规划设计

城市标识导向系统是一个涉及城市规划、城市管理、环境设计、视觉传达等方面的多层次、跨学科的研究方向，城市环境标识系统的设计和构建是一个庞大的规划设计系统工程，在这个系统中，标识导向系统的规划、设计、安置及管理都是很重要的步骤，这几个环节之间环环相扣，紧密不可分割，只有将多个步骤都做到位，才能完整地形成一套合理有效、完善全面的标识导向系统。

合理完善的标识导向系统必须具备严谨的科学性，主次分明并紧凑连续的标识导向系统能够使环境充满节奏感。对于标识导向系统科学性的把握，首要和关键的环节就是标识导向系统的整体规划。标识导向系统的规划是保障标识导向系统顺利实施的基础，也是最重要的环节。

标识导向系统的规划是指通过对环境各个方面的调查和分析，以特定环境内的主要活动人群为主要目标对象，对环境的特征和主要活动人群其及需求进行分析，对标识导向系统的布点、设置进行统筹的规划，提出设计的总体原则和设计内容分类的需求，提供各类主要标识分布说明、数量预估和基本形式，对项目管理提出初步设想，并提供参考案例（图3.1）。

在对标识导向系统进行前期规划时，首先要作全面和准确的调研，从宏观的角度出发考虑整体环境，确立各种类型标识单体的布局及密度和数量，为后续的标识单体造型、尺度、色彩、图案等方面，在设计的合理和准确性方面打下良好的基础。

图3.1
标识导向系统的规划流程

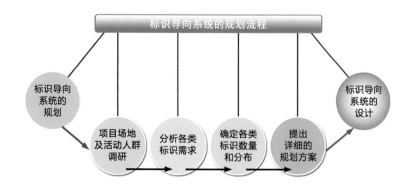

标识导向系统前期的规划环节是自身功能精确程度和管理科学程度的依据，也是标识导向系统专业性和品质的体现。标识导向系统最重要的功能就是对环境信息进行有效的传达，并对环境中人们的行为进行有效的引导。但是，现代城市中的环境往往在空间和路线上都是错综复杂的，标识导向系统的规划就是通过对环境信息的优化处理，以确保环境中的人们能够顺利地找到便捷的路线，并且快速准确地到达预期的目的地。

一、标识导向系统的规划流程

标识导向系统从规划环节到设计环节是一个从宏观到微观的过程，宏观的思考方式能够帮助项目从整体和大局出发，把握环境特征和人们的需求。现代城市中的空间环境往往是复杂化和高密度化的，这就很容易造成视觉信息的混淆。标识导向系统的规划环节能够从具体的环境出发，考虑使用人群的具体需求，以及人在环境中的活动特征，对环境标识导向信息进行科学性和系统化的梳理，将复杂的环境信息进行分类和整理，多角度地进行综合的规划，以满足人们对不同信息的获取需求。

标识导向系统规划的第一步就是对项目进行全面的分析，项目分析包括以下几个方面。

首先是对场地进行分析。这个环节是指在标识系统规划前必须对公共空间环境的整体进行分析，并到项目现场进行实地勘查，了解场地的特征和性质，例如场地是室内还是室外，场地的主要功能，场地的地形特征等方面。根据对环境和环境特征的了解，确定环境中在哪些位置需要设置导向型标识，那些位置需要设置说明型标识，哪些地方需要标示型标识等。同时，还要以整体和有机的系统思维为基础，考虑环境特征和环境景观的效果，创造组合的、系统的空间形体，以确保标识导向系统在环境中既不会影响环境景观的整体效果，又能够发挥其功能，顺利地引导人们的行进路线。

其次，由于标识导向系统是人与环境沟通的桥梁，它是根据人的需求应运而生的环境元素，它的主要功能是为人服务，因此除了对环境的分析之外还要对环境中的活动人群进行分析。例如，环境中的主要人群是熟悉环境的人群还是陌生的流动人群，活动人群中视觉、听觉等方面有障碍者以及老年人所占的比例，还要考虑主要活动人群其他方面的特征，尤其是活动特征，从而分析出他们对环境信息的需求，以确定各种标识导向分类在环境中的需求量和标识导向系统的布点原则。上述对使用人群各方面的分析还能够为标识导向系统的设计环节提供设计的根据和基础。

除了对环境和人的调查分析之外，还要对环境中人们的人流动线进行详细的分析。人流动线是指人们在环境中的活动路线，它能够充分体现人和环境的关系。人流动线的方向取决于人们对于各种环境的需求，人们对某一环境的需求量大，那么这一人流动线的人群数量就大，同时对于标识导向系统的数量也会有较高的要求。一个空间层次复杂的环境中不可能只有一条人流动线，通往各个方向的人流动线交错穿插，同时也有几条人流动线合并和共线的情况，如果不对其进行整体的统筹规划，势必造成信息传达的混乱，也必然会使身处环境中的人们产生疑惑和迷失。

对标识导向系统整体环境规划进行宏观考虑的同时，还要对各类导向标识进行分类，根据环境的特征和环境需求确定导向标识的种类，在不同的位置，根据具体的环境信息需求选择相应的标识类型，从而使导向标识能够物尽其用，在合理的位置发挥最大的功能性作用，从而准确、连贯地传达环境信息。

然后，对于标识导向系统的规划环节，还应对各类导向标识的密度和数量进行规划和预估统计，在环境的各个分区中进行明确的布点规划，并绘制各类标识的区域分布情况图，以保证标识导向信息的连贯性和合理性（图3.2）。例如，对同类导向标识的布点位置要疏密合理，既不能间距太大也不能过于拥挤。如果间距太大，会导致标识信息缺乏连贯性，无法准确发挥整体导向性功能；而如果间距过于紧凑又会造成视觉上的干扰，导致环境信息传达上的混乱和使用人群的困惑。标识导向系统的规划对于各类导向标识的密度和数量的预估分析要从实际场地考察调研的基础上出发，充分考虑区域环境的差异性和特殊性，根据环境的具体特征和需求适当地进行调整。例如，在视野不够开阔的区域或者高层建筑密集的区域以及空间环境较为立体和复杂的区域，可以适当地增加导向标识的数量，以确保标识导向系统传达信息的连贯性；而在视野范围广阔、能见度较高、较为空旷或空间环境较为简单的区域可以适当地减少导向标识的数量，以避免过多的导向标识和环境信息破坏视觉环境的整体性和美观性。如图3.3～图3.7所示，为法国巴黎某大学校园标识导向系统规划，包括具体的布点分布、色彩规划、载体形态设计及标识内容设计等工作内容。

対项目场地的调研分析
対主要活动人群的分析
活动人群的人流动线分析
対项目需求的各类标识进行分类
将各类标识的密度、数量进行规划和预估统计
标识系统的色彩规划
明确环境各分区中各类标识的分布规划
绘制各类标识的区域布点规划图

3.2
3.3
3.4

图3.2
标识导向系统规划的工作内容
图3.3—图3.4
法国巴黎某大学校园标识导向系统规划

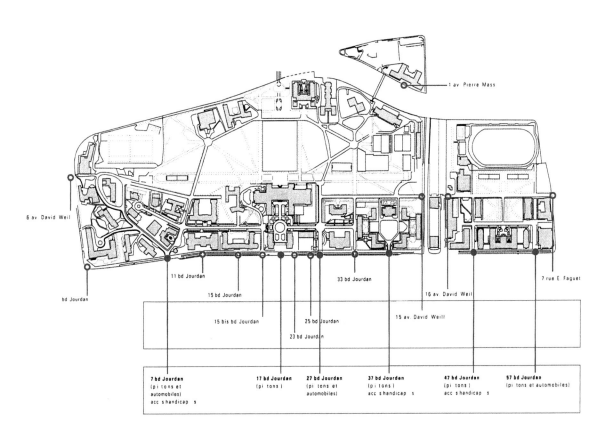

Information

Four levels of information were defined:
- Routes and access to buildings and installations
- Cultural and other program activities
- Historical and architectural explanations of the Cité
- Renovation operations

Eric Jourdan developed two kinds of information display:
- Vertical signs, made of wood, steel and cloth, for temporary information
- Horizontal objects, moulded and painted concrete, for permanent information.

Conditions

The design of the signage system had to deal with 40 buildings from a wide range of historical periods, some of them by architects such as Le Corbusier, Claude Parent, W.M. Dudok, and L. Costa.
The Cité covers an area of 0.34 square kilometers and accommodates 5,000 students, researchers and faculty from 130 countries, whose average age is 25.
Open to the public, the Cité has one theater, four libraries, one swimming pool, two stadiums and three restaurants.

Future

The perimeter of the site as well as the building's interior space needs to be considered as part of the overall identity.
Also artists should be invited to complement the environment with various installations.

图3.5 图3.6
法国巴黎某大学校园标识导向系统规划

图3.7
法国巴黎某大学校园标识导向系统规划

　　需要注意的是，尽管标识导向系统的规划要对各类标识导向系统分类进行数量的预估和密度的分析，但是也不能忽视标识导向系统的整体性原则。在确定各类标识导向系统的数量和密度后，还要将各类标识导向系统的布点规划进行整合，使各类标识导向系统能够相辅相成，合理穿插形成紧密的联系，避免信息传达的零散分布和各类导向标识的混淆。同类的导向标识在规划过程中也要注意其统一性，在环境中的位置要相对稳定，尽量保持一致。例如，传达连续性信息的导向标识要尽量安置在道路同一侧的位置，避免出现前一个设置在道路左侧，下一个又设置在道路右侧的情况。这种杂乱无章的布置方式违背了人们的视觉习惯，会造成信息传达的延误，也给使用人群带来很多的不便之处。

二、标识导向系统的分级规划

1. 标识导向系统的分级原则

　　为避免将过多信息集中在同一时间、同一地点传递，导致信息接受者无法有效理解信息，标识导向系统应遵循设计分级的原则。标识导向系统规划设计前期，需要研究环境信息的内容，根据信息传递的时间、顺序和影响力的差异进行了分级设计。一般情况下，在大型公共环境空间中的标识导向系统可以分为三级。

一级节点标识导向系统是提供信息量最大的标识导向系统，它主要提供环境内重要的场所及需求量最大的公共设施的导向信息，以及重要的道路、出入口处等信息。在大型室内公共环境中主要设置在人流量较大的入口处、人群聚集的大厅，以及建筑内的主要路线节点等处。在室外公共环境中主要设置在入口广场、大型广场、主要道路交叉口等处。一级节点标识信息量最大，应高大、醒目，为尽可能多的人群服务。

二级节点标识导向系统是承接一级节点标识导向系统与三级节点标识导向系统的关键环节。通常一级节点标识导向系统传达环境整体信息及重要场所的方向后，由二级节点标识导向系统继续为人群服务，更为细节与全面地展示具体的环境信息，并指示方向。虽然与一级节点标识导向系统相比二级节点标识导向系统提供的信息量相对较少些，但是它对于环境信息的传达更为直接和具体。在大型室内公共环境中二级节点标识导向系统主要设置在区域场所的入口处、区域场所的路线节点、区域环境之间的连接处等位置。在室外公共环境中，它主要设置在次干道路口、区域景观带和区域场所的小型广场上等。二级节点标识导向系统的导向和知识信息较为详细，为参观者提供详细的区域性信息的导向服务。

三级节点标识导向系统是最为具体和细节的层次，也是标识导向系统中最基础的层次。一般来说在区域环境中，三级节点标识的数量最多，提供的环境信息种类也最丰富。三级节点标识主要提供小型配套设施的导向信息及具体的目的地点、公共配套设施的名称识别，还包括公益、提示警示等方面的具体信息。三级节点标识导向系统传达的环境信息是直接和具体的，形式也最为多样和丰富，可以是平面的，也可以是立体的；可以是静止的，也可以是动态的，为参观者提供详细的环境信息和明确的方位导向。如图3.8、图3.9所示，为2010年上海世博会标识导向系统分级规划示意图和各级标识形态设计示意图。

2. 标识导向系统分级的相关要求

标识设计分级原则体现了参观者信息认知的需求，不同层级的标识设计应在形态、色彩、字体和图形符号运用上体现系统性和差异化。不同层级的标识色彩运用，应注意主色与辅助

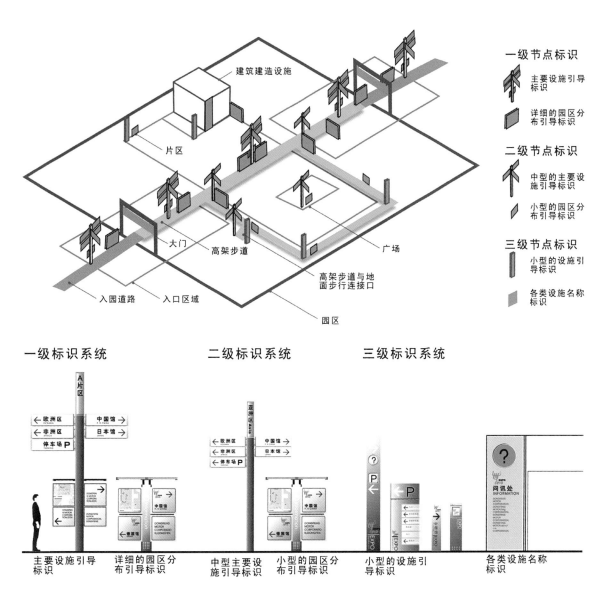

色的关系，标识主色不能与环境色相同。

在同一层级标识系统中不同类型的导向标识既要保持统一性和有序性，也要注意设计的差异性，以方便人们对不同分类的标识导向系统进行区分，避免信息传达时的视觉混乱，使各类导向标识能够连贯地传达各类环境信息。

标识导向系统的三个层级要相互配合，层层相扣，从一级导向标识开始逐层向人们传达环境信息，从总体环境信息，进而到区域环境信息，一直到顺利地到达具体的目的地点。在每个标识导向层级的布点规划上要注意连贯和紧凑，有始有终地形成一个完整的指引和导向服务体系。一旦标识导向系统的三个层级出现间断，就会导致环境中的人群由于对环境信息产

3.8
3.9

图3.8
2010年上海世博会标识导向系统分级规划示意图
图3.9
2010年上海世博会标识导向系统分级设计示意图

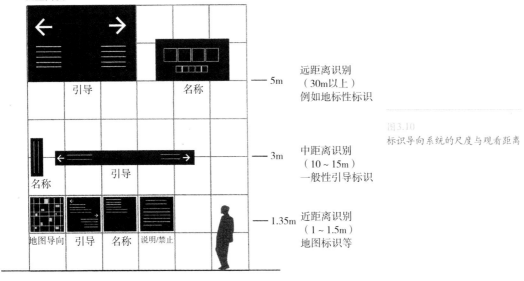

设置高度

引导　　　　　名称

—— 5m　　远距离识别
　　　　　　（30m以上）
　　　　　　例如地标性标识

名称　　引导

—— 3m　　中距离识别
　　　　　　（10～15m）
　　　　　　一般性引导标识

地图导向　引导　名称　说明/禁止

—— 1.35m　近距离识别
　　　　　　（1～1.5m）
　　　　　　地图标识等

图3.10
标识导向系统的尺度与观看距离

生困惑而迷失方向。尤其是在道路的分岔处、交叉口和转折处等，需要产生信息选择行为的环境以及视线能见度较低或空间环境复杂的区域，要确保各层级标识导向系统对于环境信息传达的准确和全面，以使每层级的标识导向系统都能够发挥其功能和作用（图3.10）。

三、标识导向系统中的尺度控制

尺度是指物体之间的比例关系给人的视觉感受。标识导向系统的尺度大小与环境空间的大小、环境内各种元素的疏密以及人的视觉感知等方面密切相关。标识导向系统的尺度应该注意以下几个方面：首先，标识导向系统的尺度要与标识的分级原则相结合；其次，标识导向系统的尺度还要与其所处的空间环境相协调；第三，标识导向系统的尺度还应该符合人机工程学的要求。按照通用设计的原则，导向系统的文字、信息、尺度和大小，考虑到老年人群、弱视人群等情况，文字尽可能大、清晰、易懂。中英文（包括拼音）的字体大小，英文（包括拼音）字体的高度是中文字体的1/2（增加图例，尺度规范，图3.11、图3.12）。

标识导向系统是一个运用科学的方式达到准确、有效地传达环境信息的体系，它根据传达信息的数量和范围可以划分为三级节点导向标识，根据标识导向系统的分级原则，导向标识的尺度也大致可以分为大型、中型和小型三个大类。

　　大型的标识分为三类，一类是依据空间环境的尺度和场所尺度确定尺寸的标识，这类标识在有些场所属于识别型的标识，在复杂或大型空间中标示了场所的名称和环境信息，它们往往会被设置在建筑物表面或建筑物顶部等位置，起到强调环

·文字组合

　　使用中文、英文两种语言时的文字大小

　　使用中文、英文、日文、韩文四种语言时的文字大小

识别距离与文字大小

·文字的大小：充分考虑识别的方便性，文字的大小以通常标准的1.2倍为基准。

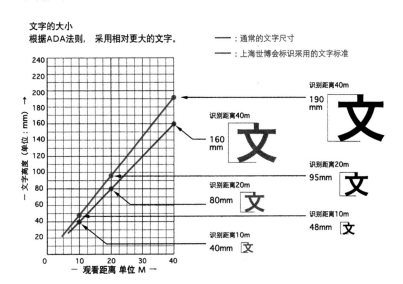

3.11
3.12

图3.11
标识导向系统的文字尺度示意
图3.12
标识导向系统的识别距离与文字尺度

境信息、加强宣传效果的作用；还有一些是在空旷环境或快速通道上设立的导向型标识，例如高速公路上的一些重要的导向牌和标识牌就需要使用大型标识，因为车辆在快速行驶的过程中，驾驶员的可见距离大致在300米以上，在这种状态下小型或中型的标识往往会失去作用，大尺度的标识才能提前引起驾驶人员的注意，顺利地传达环境信息，发挥导向功能。另一类大型标识是依据传递的信息量确定尺寸的标识，这类标识往往是一级节点导向标识，它涵盖的环境信息最多，且最全面，往往设立在大型场所或复杂场所的入口处，以及重要的交通节点上。为了避免在过小视线面积内传达过多的信息，往往会把标识的尺度扩大，使各类环境信息一目了然地展示在导向标识系统中。还有一类大型标识，它本身可能不具有标识或导向的功能，但是为了满足精神层面的需求或赋予环境某种氛围并确立环境的视觉中心，往往会在城市广场或展览会中心等场所设立大型的雕塑或标志性构造体吸引人们的注意力，加强环境特征和环境氛围的塑造。大型标识的尺度大致3～5米或者更大，富有力度感，并且具有很强的视觉冲击力和识别性，以便更快地抓住人们的视觉注意力，给人们留下深刻的印象并快速有效地传达环境信息（图3.13～图3.18）。

3.13 | 3.14

图3.13　日本广岛交通导向标识
图3.14　日本东京中城的大型标识

中型标识相对于大型标识具有更高的使用率，涉及的标识类型也更为全面。中型标识的体量大致2～3米，在户外环境中使用最为广泛，例如展览会、校园、校区、公园、绿地、广场等大面积的户外场所会大量采用中型标识，也有一些公共空间较大的室内场所，例如商场、酒店建筑、办公建筑内也会使用中型标识。中型标识能够承载较多的环境信息及导向信息，往往用于二级节点标识，因此中型标识的设计还要考虑各种信息的分类表现和信息整理，以方便各类环境信息同时出现在人们视线中时能够有效地传达。此外，中型标识的尺度与环境中的一些公共设施相对比较接近，因此中型标识的形态设计要更注重考虑环境的视觉效果，采用与环境氛围相符的形态和材质，成为所在环境中的一类和谐的构成元素（图3.19～图3.22）。

小型标识的尺度最小，体量大致在一米左右，一般多为标示型标识、导向型标识和公益型标识。小型标识用于传达三级节点标识各种信息，承载的信息类型较为单一，信息量较少。

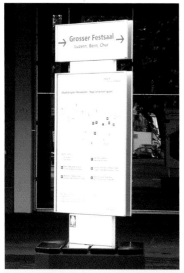

3.20
3.21 | 3.22

小型标识的尺度适合近距离的观察和识别，因此，在形态设计上应该注意造型亲和力和内容清晰度的塑造。此外，小型标识不仅是标识导向系统中不可或缺的部分，还是环境的装饰要素之一。因此，还要采用与环境风格相协调的造型，并且要注意材质的选取和造型的精致（图3.23～图3.26）。

标识导向系统的尺度设计必须符合人机工学的要求，这样才能给人们舒适的视觉感受，从而更为快捷和准确地传达环境信息。标识导向系统在确立尺度的时候除了依据导向标识系统的分级原则，还要考虑其所处环境的尺度，以及人们观察时的视力有效性和视线角度等方面，如果在大面积且空旷的空间中，例如高速道路、城市广场或绿地公园等，人们观察标识的距离会较远，因此标识的尺度要相对放大；而在面积较小或相对拥挤的空间中，例如商业街道或室内空间，人们的观察会相对近距离和细致，标识导向系统就要采用较小的尺度，但是还要注意醒目和清晰的视觉效果，以吸引人们的视觉注意力。

除了尺度的分级外，标识导向系统还需要对尺度进行统一规划。这里所说的统一并不是指所有的标识千篇一律，采用同一个尺寸标准，而是指根据标识导向系统信息分级的不同，对不同级别的一系列标识的尺度进行统一规划，这对于标识导向系统功能的顺利发挥也具有重要的意义。

人们对标识导向系统进行观察的初期，尺度是最先能够感受到的因素。同一信息级别的标识采用统一的尺度，可以帮助人们顺利地辨识信息分类，依据信息层级和尺度寻找需要的信息，这也是一个信息分类和整理的过程。如果标识导向系统的尺度没有统一进行规划，各类信息杂乱无章地呈现在人们的视线中，必然会造成人们视觉的困扰和对环境的迷惑。

一、标识导向系统的设计原则

1．功能性原则

　　功能性原则是标识导向系统设计最重要的原则，也是整个标识导向系统的核心。设计是为人类需求服务的行业，一切设计都是以服务人的功能为最重要的目的。可以说标识导向系统的功能性是它的立身之本。如果一套标识导向系统不能有效地向人们传达客观的环境信息，那么它的存在也就失去了意义。

　　这里所说的功能性原则是指城市标识导向系统应当具有相当强的识别性、指示性和准确性。导向标识实质上是传播某种环境信息的特定符号，要顺利地实现其功能就必须在设计的时候从性质、类型、范畴、位置等方面进行准确的定位，并对其功能背景进行系统的分析，才能够使标识导向系统中的文字、图形、色标、指示性符号及转换色彩对比度等设计元素与其所要传达的相关信息达到形式与内容的完美统一。

　　功能性原则确定了标识导向系统在设计和规划的时候必须首先符合能够简洁明晰、准确快速地指向和指示环境信息的要求，标识导向系统必须尽量采用标准化的图像语言和专业视觉信息设计元素的表达技巧，使其具有较高的易读性和易懂性，避免使用人群由于混淆其含义而产生错误的联想和反映。功能性的强弱能够直接反映一套城市标识导向系统成功与否，也是衡量标识导向系统是否完善的最重要的原则（图4.1～图4.4）。

| | | 4.4 |
| 4.1 | 4.2 | 4.3 |

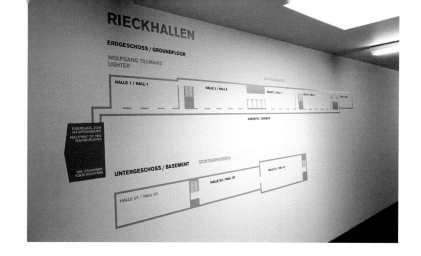

2. 规范性原则

标识是信息的载体,要将复杂的信息准确、迅速地传达给目标人群,标识设计的标准化和规范化是必然的要求。标准是某一领域的一种规范,是最佳秩序的体现。标识导向系统的各个要素是否规范和标准化直接关系它的功能性能否实现。标识导向系统的功能是将环境信息传达给人们,并对环境信息进行指示和导向,以方便人们准确、快捷地到达预期目的地。标识混乱和无秩序的使用往往会造成各种环境信息和导向信息的错误传达,例如箭头方向与目的地方向发生偏差,观察者所在地和方向方位没有明确标明等。这些问题都会导致南辕北辙情况的发生,破坏标识导向系统功能性的发挥。

标识导向系统的规范化主要包括图形符号的正确和规范化使用、文字的规范化使用、导向要素的规范化使用及颜色的规范化使用等方面。

图形符号的标准化是对标识导向系统的所有图形符号进行标准化处理,以达到保证理解性和清晰性的目标。只有使用正确的图形符号才能传递预期的信息,否则不但不能体现图形符号在传递公共信息中的优势,反而会造成信息的混乱。只有使用完全相同的图形符号表示同样的环境信息,才能够准确、快速地将环境信息有效地传达给环境中的人们。

标识导向系统中的文字也是人们获取环境信息的重要元素,文字的规范化使用包括相同的环境信息名称统一,双语标识的环境译文名称标准化,相同的环境信息译文名称统一等方面。

导向要素的规范化使用是指箭头等指示方向的图形元素在方向、比例、使用场所等方面的规范化。导向要素是直接关系人们的行动判断是否正确的因素,如果导向要素使用不当或不规范必然会引起歧义,导致信息传递的混乱和人们方向行为的错误。

在标识导向系统设计中颜色的规范化使用也是很重要的环节。某些颜色在标识系统的发展中约定俗成地代表某些特定的涵义。例如红色表示"禁止"或代表与消防相关的设施信息，而绿色则表示"疏散设施"或"安全设施"等。因此，在标识导向系统的设计中要避免大面积地使用代表特定信息的色彩，以免造成歧义或信息的错误传递。在设计的具体过程中还应该规范各个使用色的具体色值，尤其要规范前景色与背景色的明暗对比度和色彩饱和度等方面，确保标识导向系统的色彩使用得当，帮助环境信息有效快捷的传达。

此外，标识导向系统传递的环境信息也应该遵循规范化的原则，对环境的标识导向应当全面、客观、准确地表现出极强的逻辑性。标识的语言应当简练明晰、表述准确并提供真实可靠的信息，尤其不能主观臆造虚构、夸大、变异（图4.5～图4.8）。

3．艺术性原则

标识导向系统的研究价值在于创造更加优美的城市环境，为城市人群的出行提供便利，提高效率。城市标识导向体系是

4.5 | 4.6
4.7 | 4.8

图4.5—图4.8
规范化的导向标识
图4.9—图4.10
艺术化的标识导向系统

为人服务的视觉体系，因此它不能完全抛弃人的审美需求而一味地追求功能的便利，在满足其功能性的基础上还应该具有美观的造型，视觉效果上给人以良好感受。

艺术性原则主要是指在标识导向系统的设计中合理地运用艺术的表现方法和表现形式。标识导向系统的美观化和艺术化也是帮助其自身充分发挥功能性的重要方面。雷同和平庸的视觉形象标识导向系统会造成环境记忆的混杂和模糊，从而减弱或失去了导向的功能；新颖独特、美观得体的标识导向系统可以对人们造成更强的视觉刺激，从而有效提高人们对信息的反应速度，缩短感知过程，强化视觉记忆。

在满足标识导向系统功能性和各种元素规范化使用的前提下，对字样、图形、色彩等视觉要素进行美化的组合布局，遵循美学形式原则将其进行对比与调和，平衡与均衡，条理与反复，动感与静感等形式美法则的处理，通过艺术化的手段为其功能服务，充分显示其视觉上的美感和舒适感。通过艺术的表现方法和形式给人以视觉感染力，能够使标识导向系统形成环境中具有实用价值的艺术形式，并使其传达的环境信息在人们记忆中留下更加深刻的印象（图4.9、图4.10）。

4.9
4.10

4. 系统性原则

城市标识导向系统规划设计中的系统性原则主要包括标识导向体系的整体性和连贯性、各个标识导向体系设计风格方面的统一性及标识导向体系功能的整体性等方面。

标识导向系统在规划阶段就应该重视系统性原则，并将其贯穿整个设计、安装和管理的过程中。系统性原则之所以重要，是因为标识导向系统是一个综合的体系，它不是由简单的几个导向标识牌组成，而是几个导向体系共同在环境中发挥功能。像这样多个标识导向体系交叉存在的情况，如果没有对标识导向系统的系统性进行整体规划，很有可能造成信息传达的混乱和缺失。

基于指示环境信息的功能，要求标识导向系统是一个需要具备很强的连贯性的整体。不仅在导向标识风格及其大小、颜色、位置和间距等方面需要注重统一的连贯，更需要将环境视作一个整体进行考虑。城市标识导向系统不同于一般的艺术创作，它不但要求同一系统中的构成要素互相关联，也要求各系统之间彼此联系。系统化的规划设计原则能够确保每一层级的导向标识分工明确并层次分明，以便清晰准确地传达环境信息，多个层次的标识体系相互贯穿成为共同为环境服务的完善系统（图4.11～图4.22）。

4.11 | 4.12

图4.11—图4.18
东京某商业中心内系统性的标识导向系统

4.19 | 4.20
4.21 | 4.22

5．协调性原则

协调性原则是指标识导向系统与其所服务的环境在气氛、色彩、风格、比例等方面的和谐和统一。标识导向系统是人与环境沟通的桥梁，它也是环境中一个实体的组成部分，因此在满足其功能性的前提下，便不再是一个完全独立的存在实体，而是置身于整体环境中的一个组成部分。

标识导向系统在设计和定位阶段要充分考虑环境性质、特征、风格等复杂因素。标识导向系统是人与环境的交流方式，它在一定空间范围内形成一系列的视觉感知，确保环境中的人能够顺利地接收足够的视觉信息。可以说，当人们身处某一特定环境中时，首先进入其视觉感知的就是标识导向系统。所以标识导向系统不仅要满足传达方向信息和导向信息等直观的功能，还应该通过其自身的特征、色调等方面的视觉元素将环境的性质、风格等信息传达给人们，帮助整体的环境营造特定的主体氛围。

当然，标识导向系统与环境的协调并不是为了与周围环境融合就可以牺牲其功能，若让标识导向系统淹没在环境复杂的视觉元素中，便失去了标识导向系统最基本传达指示性、解释性、提醒性信息的功能和意义。标识导向系统规划设计最重要的原则还是其功能性，协调性原则应该是在满足其基本功能的基础上再进行延伸。标识导向系统和环境的协调性与其视觉上的独立性是相对的，既要做到与环境背景相互配合，又要能够有鲜明的视觉效果。这就要求标识导向系统在设计时要根据环境背景选择适当的视觉效果，既要能够突出功能主体，又不会破坏环境整体的氛围（图4.23～图4.29）。

4.23	4.24
4.25	4.26
4.27	4.28	4.29

6．内涵性原则

内涵性原则是指城市标识导向系统应该体现城市文化并展示城市的地域特征。前文中提到标识导向系统在满足其功能和美学原则的前提下，还应该与其所处的环境协调，而内涵性原则则是从更深入的层面出发，要求标识导向系统不仅在形态上要与环境和谐，在文化层面和精神层面上也要符合城市和地域的气质。

现在，社会经济的飞速发展带动了城市的高速建设和大规模扩张，这是人类文明进步的必然结果。但是在高速发展的同时，很多城市逐渐失去了自身原有的文化特色和历史传承。标识导向系统是城市中人造环境的重要构成要素，它是人与环境沟通的桥梁，在对环境的塑造和对人们的影响方面都起到很重要的作用。因此，标识导向系统应该延续城市的历史文脉和文化传承，发扬城市的个性和特色，与其他城市元素一起塑造具有独特气质和城市精神的城市空间。

内涵性原则有两个方面，一是注重文化性，尊重、保护和集成城市的历史文脉。在标识导向系统的设计阶段应该吸取城市传统文化的因素，延续城市内在的历史文脉，在传递空间环境信息的同时也应传递城市的文化内涵，丰富人们在城市中的体验，使城市文化和城市精神在人们与城市的互动中留下深刻的印象。此外，标识导向系统中的图形、图像、符号及文字等视觉元素还应该因地制宜并妥善设计，要回避特殊文化的禁忌元素和容易产生歧义的元素，在符合规范化标准的前提下还应该符合当地文化影响下人们的认知能力，做到准确、妥当，使标识导向系统传达的信息能够快捷、准确的传达。另一方面，标识导向系统还应该注意城市地域性特征，突出地方的特色。如图4.34所示，为一个典型的威尔士路牌，上面所有的内容都用英语和威尔士语进行标注，尽管英语是国家唯一的法定官方语言，但在一些地方，通过标识导向系统这种方式强调了对地方语言和地域特色的保护。每个城市都有自己的文化特色，也有独特的地域特点。标识导向系统还应该立足于本土地域的人文资源和自然环境资源，考虑城市的气候地貌和文化风俗，探索城市特色，设计符合城市地域特征的标识导向体系。例如，使用地方特有的材料或传统工艺，将其运用于标识导向系统的设计和是做中，发掘创新性的表现力，将城市的特征和地域文化特色与城市环境信息一起传达给人们，使人们对城市的了解更加深入（图4.30～图4.37）。

4.30	4.31	4.32	4.33
4.34			4.35
4.36			4.37

图4.30—图4.33
日本大阪的城市标识导向系统
图4.34
保护威尔士当地语言的导向标识牌
图4.35—图4.37
江湾景区传统元素的标识导向系统

7．人性化原则

标识导向系统服务的主题是人，因此城市标识导向系统在具体设计过程中必须充分考虑人的视觉感受和其对人的心理和情感所产生的影响。人性化原则的中心是以人为本，它是以满足功能性和规范化为前提条件的，没有功能性的支撑和规范化的约束，人性化原则就成了空谈。首先，标识导向系统的尺度必须符合人机工程学的要求，反复进行数据分析，在安装前还应该进行安全实验测试、视觉效能测试，以确保符合人们活动的需要，保证标识导向系统的安全性、易识性和可操作性。

其次，由于现代城市的发展极为迅速，城市环境随时可能在发生变化，在标识的设计中应该注意导向标识牌的可制作性，在不影响美观的情况下，尽可能将标识载体的结构设计得简单一些，以方便标识导向系统能够随着环境的改变而及时做出相应的变更和调整，从而顺利发挥其功能性。

第三，在当今发达城市的环境中，多媒体技术越来越多地运用到标识导向系统中，但是在使用多媒体的信息导向设施时应该特别注意其使用和操作的简易，避免由于高科技的复杂性造成距离感和排斥感，注重信息快速有效的传达，使高科技真正的为人所用。

标识导向系统的服务对象是城市中的人，它与人的关系既直接又密切，坚持人性化原则的标识导向系统能够提高城市活力和城市亲和力，帮助城市为人们提供更为方便和舒适的生活空间（图4.38～图4.41）。

图4.38—图4.41
方便拆卸和安装的导向标识牌

4.40
4.39
4.38   4.41

8. 通用性原则

标识导向系统的人性化原则要求它必须注重通用性原则，以满足城市中大多数人群的共同需求，体现对弱势群体的人性化关怀。

城市是群体创造的环境，在城市中生活和活动的人也是复杂和多元的，因此城市的标识导向系统应当使尽可能让更多的人群顺利地接收到信息。除了满足普通人群的需求外，残疾人、老年人和儿童等特殊人群在认知能力和行为方式上与普通人群相比有所差异，正因为如此，他们才更需要标识导向系统的指引。标识导向系统在设计过程中应该对他们的心理和生理等方面进行研究，针对其行为特征设置必要的特殊标识或特殊的信息传达方式，例如声音、光线等辅助设施，通过多种方式确保信息能够切实有效地传达给特殊人群。运用通用设计的设计理念创造出能够满足更广泛人群需求的标识导向系统，让尽可能多的人群共同感受城市的亲和力（图4.42～图4.47）。

9. 安全性原则

标识导向设施的安全性也是设计时需要遵循的重要原则之一。标识导向系统是与人们交流最为直接和密切的城市环境元素，一旦出现安全性问题就可能会产生伤害事故等不良后果。在标识导向系统的设计过程中，应该充分考虑造型的安全性和制作工艺成熟程度，并进行切实的地域调研，针对环境的特征和地理气候，选用适当的材料及制作安装工艺，运用设计的改良和成熟的工程技术减少安全隐患。

此外，标识导向系统是城市的公共设施，由于人为因素可能会遭到破坏，而且自然因素造成的材料老化也会致使其牢固

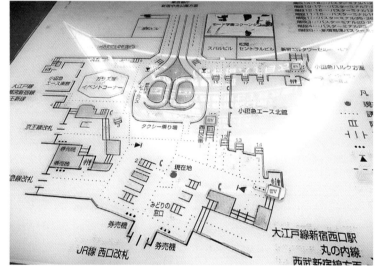

性降低，如果管理方没有及时发现并进行后期维护，极易造成安全隐患，因此标识导向系统的安全性原则需要贯彻到管理规范方面。

10．环保与节能原则

现代城市的发展固然给人们带来了更为便利和舒适的生活环境，但是由于人类的巨大消耗，能源、生态、气候、空气、水质等环境问题日益突出。人们也逐渐调整了一味向自然索取和对抗的方式，探索可持续性发展的道路。

标识导向系统是城市环境中重要的环境因素，为了维护环境的可持续发展，保障人类健康的生活，标识导向系统也应该遵循环保与节能的可持续发展原则，为低碳化城市建设提供帮助。

标识导向系统的设计过程要从实用性和环保性出发，注重可再生能源的利用。例如，需要光源的导向标识可以使用太阳能或重力能等绿色资源，或者在导向标识上加装净化空气的装置等，把对生态环境问题的关注落实到相关的设计中，使物尽其用，节约能源，为城市的可持续性发展做出贡献。

二、标识导向系统中标识的形式分类

标识导向系统中的导向标识根据形式的不同可以分为独立式导向标识、依附式导向标识、动态导向标识、灯光导向标识及综合式导向标识。

1．独立式导向标识

独立式导向标识是指不依附于任何物体，独自作为环境中一个客观实体的形式。独立式导向标识根据表现方式的不同还可以分为立柱式导向标识、标牌式导向标识和雕塑式导向标识。独立式导向标识系统传达的信息量较大，且体量或占地面积较大，多数用于室外环境。

（1）立柱式导向标识

立柱式导向标识是指以立柱为载体，在其上设置导向标识的表现形式。立柱式导向标识的特点是结构比较简单，安装和拆卸相对方便，因此也方便于标识信息的更换。立柱式导向标识提供的环境信息量相对较多，一般用于传达导向信息和方向指示，因此立柱式导向标识往往被用于室外标识导向系统，和大面积及复杂的空间环境。像博览会、展览、公园、绿地等室外环境会较多地运用立柱式导向标识。立柱式导向标识所处的空间环境相对较大，因此立柱式导向标识的形态设计要注意立柱的高度以及文字、图案的能见度和可识别度（图4.48～图4.50）。

（2）**标牌式导向标识**

标牌式导向标识是指以标牌的方式传达导向标识信息的表现形式。标牌式导向标识与立柱式导向标识相比，体量更大，形态较为整体，因此在设计过程中要注重与环境的协调和统一。标牌式导向标识是目前最为常用的一种标识形式，它的安装和制作相对于立柱式导向标识要更为复杂一些，因此位置相对比较固定，不会轻易改变位置。标牌式导向标识除了用于传达导向信息，往往还会用来标示环境信息和环境功能，一些公益性标识也会采用标牌为信息载体的表现形式（图4.51～图4.54）。

4.48 | 4.49
4.50

（3）雕塑式导向标识

雕塑式导向标识是指以雕塑或城市公共艺术的形态传达环境信息的表现形式。雕塑式导向标识有两种方式，一种是标识雕塑化，将导向标识系统地进行艺术化的设计，使其以雕塑的形态独立于环境空间中，另一种是雕塑标识化，即城市公共雕塑本身由于其鲜明的艺术性和独有的特征，给人们留下深刻的印象，在人们脑海中形成对某个环境信息固定印象，从而变成环境中的标识方式。将标识雕塑化处理的导向标识往往体量较大，主要用于标示传达的环境信息和部分导向信息的承载；采用雕塑标识化方式的标识体量也较大，但是其传达的环境信息相对较少，但它却可以强化人们对环境的认知和记忆，并能够在复杂的环境中充当坐标。雕塑式导向标识本身是一种艺术化的处理方式，因此在设计过程中注重其自身美观效果的同时还应该充分考虑环境特征、环境风格等相关因素，使雕塑式导向标识能够成为整体环境空间中的一个和谐的组成部分，并帮助环境展示主题、树立风格以及烘托氛围（图4.55～图4.58）。

2．依附式导向标识

依附式导向标识是指以环境中的其他客观实体为载体，以粘贴、安装或悬挂等固定方式依附于环境实体的表现形式。根据其依附位置的不同，可以分为地面式导向标识、墙面式导向标识、悬挂式导向标识等类型。依附式导向标识由于其存在必须有客观环境实体的支撑，因此大多数应用于室内环境空间或室外空间的建筑实体上。

（1）地面式导向标识

地面式导向标识是指以地面为载体将环境信息和导向

图4.48—图4.50
立柱式的导向标识
图4.51—图4.54
标牌式的导向标识

4.55 | 4.56 | 4.57
4.58 |

信息依附其上的标识类别。地面式导向标识大多用来传达导向信息，发挥指示方向的功能。一般用于人流量较大，且需要明确目的地导向的环境中。地面导向标识的材质要根据其服务的环境需求选取，有些地面导向标识是采用与环境协调的材质，有些则需要选取与地面材质和色彩有明显区分的材质，有些地面导向标识甚至是用色彩或颜料直接绘于地面上。地面式导向标识结构相对简单，但是需要注意的是，由于地面是人群接触和摩擦频率最高的平面，因此地面式导向标识的磨损率和折旧率较高，选取材质时要尽量选用耐磨损材质，延长地面导向标识的使用时间。在管理方面，对于损坏和磨损的导向标识也要及时地更换和修复，以确保地面导向标识能够顺利地发挥导向功能。其次，地面导向标识在确保醒目和明确的指示环境方向信息的同时，还应该采用防滑的材质，以避免由于破坏地面的防滑系数而导致的伤害性事故的发生（图4.59～图4.64）。

（2）墙面式导向标识

墙面式导向标识是指以墙面为载体，采用绘画、粘贴、安装固定等方式将标识附着于墙面的标识形式。墙面式导向标识的视觉面积相对比较自由，可根据其信息内容设置其面积大小。墙面式导向标识主要用来传达环境标示信息、解释说明性

4.59 | 4.60
4.61 | 4.62
4.63 | 4.64

图4.55—图4.58
雕塑式的导向标识
图4.59—图4.64
地面式的导向标识

信息及导向信息等。墙面式导向标识根据其与墙面的相对位置还分为贴附式和悬挑式，贴附式墙面导向标识采用绘画或粘贴的方式，将标识信息紧贴于墙面之上，而悬挑式墙面导向标识是指以墙面为固定载体，将标识牌或标识实体安装在墙体以外的方式。贴附式墙面导向标识制作成本较低，方便更换信息内容；而悬挑式墙面导向标识得形态比较丰富，视觉冲击力较强（图4.65～图4.72）。

| 4.65 | 4.66 |
| 4.67 | 4.68 |

（3）悬挂式导向标识

悬挂式导向标识是以建筑内顶面为载体，采用悬挂的方式

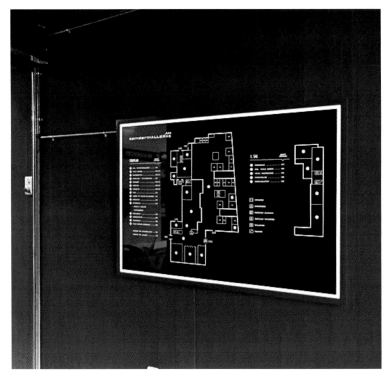

固定安装在建筑内顶面的表现方式。悬挂式导向标识一般用于传达导向信息和环境标示信息,承载的环境信息相对较少,但需要有很强的标示性和导向性。悬挂式导向标识在环境中设置的位置较高,因此它不会占用路线宽度,往往用于人流量较大的环境中。悬挂式导向标识在设置的时候要注意视线高度、视线范围以及随着距离变化导向信息的可见程度等方面。在环境光线较暗的地方还应该为悬挂式导向标识添加光源照明,以使得标示信息与其背景环境有较大的对比度,达到更好的传达信息的效果(图4.73~图4.77)。

3.动态导向标识

动态导向标识顾名思义就是指以变化或运动的形态来传达环境信息的标识种类。人类为了追求更舒适和高质量的生活品质,在不断地通过各种方式改造自己生活的世界,动态导向标识也是科技发展的产物。当城市发展到一定程度,其结构和功能都比以往复杂得多,而人们需要的环境信息不但数量繁多,

图4.73—图4.76
悬挂式的导向标识
图4.77
独立式和依附式标识图示
图4.78—图4.81
动态式的导向标识

4.73 | 4.74
4.75 | 4.76
4.77

形式分类	方式	表现形式	常用材质
独立式	立柱式		木材、金属、亚克力等
	标牌式		金属、石材、木材、树脂、亚克力等
	雕塑式		木材、金属、亚克力、石材、树脂等
依附式	地面式		油漆、不干胶、灯光带亚克力、金属等
	墙面式		油漆、不干胶、玻璃、木材、金属等
	悬挂式		金属、亚克力、灯光带木材等

4.78 | 4.79
4.80
4.81

而且种类繁杂，各种环境信息互相争抢人们的视线和注意力，为了使一些重要和需求量大的信息以快速和准确的方式传达给人们，设计师们逐渐将动态的元素运用到标识设计中。因此动态导向标识大多数运用于商业区、街区等环境复杂且环境信息量大的区域。动态导向标识根据运动的要素不同还可以分为两种方式，一种是主体移动式，另一种是信息变化式。

（1）主体移动式

主体移动式标识是指标识所传达的各类信息不变，仅仅是用来承载各种环境信息的载体运动或者变化的标识类型。例如警车、消防车、救护车的警示标识以及霓虹灯光标识等。主体移动式标识所传达的信息相对固定，它最重要的目的就是通过载体的移动或变化快速地将标识信息传达给人们，并通过不断的移动、变化甚至光线的调整捕捉人们的视觉注意力，通过反复地强调和提醒达到传达重要和必要信息的功能（图4.78～图4.83）。

（2）信息变化式

信息变化式标识是指标识信息的载体不变，但是其中传达的各种环境信息产生变化的类型。例如，早期火车站和机场的自动翻牌标识以及可以自动更换海报画面的广告标识牌，以及现在越来越普及并逐渐替代上述几种信息方式的LED电子显示屏等。信息变化式导向标识所处的环境往往功能性较强，需要在有限的空间内将人们需要的各种信息一一进行展示，以满足不同人群对环境的各种需求（图4.84～图4.87）。

4. 光线导向标识

标识导向系统最重要的是通过人的视觉感知将信息顺利地传

4.82	4.83	4.88	
4.84	4.85	4.89	4.90
4.86	4.87	4.91	

达给人们，因此光线的辅助是必不可少的。在各种光线中，利用率最高的便是自然光，但是标识在各种环境中都应该确保其功能的顺利发挥，因此在自然光线较暗或者导向标识在环境中很难分辨的情况下就必须使用人工光线进行补充。例如，为光线较暗的环境设计导向标识时要考虑增加导向标识的自身光源，如果是导向标识自身没有光源而难以从其所处环境中分辨出来的话，可以在环境中增加对导向标识的集中照明，这样才能在环境中突出导向标识，提高清晰度和能见度，降低视疲劳现象，强化导向功能的发挥。但是，在为导向标识设计光源或光线时要考虑其所处环境的明暗程度以及人的视觉明暗适应能力，避免因环境和标识的光线明暗度差异过大而造成的视觉伤害。

除了为导向标识增加光源和光线的方式之外，近几年以光线投射作为导向标识的方式也在逐渐运用于公共环境之中。运用光线投射方式的导向标识，其环境往往光线较暗，光线在建筑载体上的投射与环境之间的明暗对比形成明确的导向标识信息，既增加了趣味性，又降低了制作成本，而且采用光投射方式的导向标识传达的环境信息也更加便于更换（图4.88～图4.91）。

5．综合式导向标识

　　城市环境时刻都在经历日新月异的变化，城市的结构也在向着更为立体和复杂的趋势发展，城市环境的多样化决定了标识导向系统所要提供的环境信息的多样化，因此向人们传达环境信息的任务十分艰巨。标识导向系统担负着帮助人与城市环境顺利沟通的重任，为了确保其功能性的顺利发挥，多种导向标识形式往往结合起来同时使用，要根据信息特点和环境需求选择适合的表现形式和信息载体，他们之间互相补充，相辅相成，组成综合式的导向标识。综合式导向标识并不是将所有导向标识的形式都同时运用，它根据环境需要采用几种合理有效的标识形式进行组合和叠加，以达到全面传达环境信息的效果。

　　此外，标识导向系统作为承载城市环境信息的系统，在越来越复杂的城市环境中不仅需要具备提供环境信息的功能，还要兼具促进城市活力的功能，如系统地集合交通、旅游、商业、休闲、环卫、景观、市政、生活等方面信息的附加功能。当今时代，数码技术的发展为这种需求提供了很好的技术支持，因此标识导向系统近几年来也逐渐趋于数码化，具备交互功能并能够综合多种信息的数码化的标识导向方式也逐渐在大型环境区域中投入使用，从而大大提升了整个城市生活的舒适性、安全性和便捷性，提高了城市生活的质量。对于现代社会发展的前景来说，城市信息的传播必须组合多种功能并以系统化的形式进行发展（图4.92～图4.102）。

	4.92
4.93	4.94	4.95

	信　息　类　别	信　　息　　内　　容	信息	传达	方式	形态
基本功能（提供信息）	道路信息	路名 / 通畅情况 / 事故 / 堵车 / 封闭		B	C	D
	交通网点信息	交通工具名称、类别 / 车站位置 / 目的地 / 线路/首班、末班车 / 时刻表等	A		C	D
	地理信息	地名 / 目的地设施名 / 地址 / 交通方式	A		C	D
	旅游网点信息	观光地介绍 / 地址 / 交通方式 / 时刻表 / 观光季节及时间	A		C	D
	住宿宾馆信息	宾馆设施状况 / 地址 / 空房情况			C	D
	说明信息	地域文化 / 历史 / 风土人情 / 风俗 / 设施说明 / 商务 / 景点 / 纪念地等	A		C	D
	禁止、管制信息	规则 / 行为准则 / 管制	A		C	D
	举办活动信息	活动内容 / 时间 / 地址 / 交通方式 / 停车信息 / 所需时间 / 票务		B	C	D
	广告信息	各种商业、文化、公益广告	A	B	C	D
	行人走行信息	步行街 / 商务区 / 商场 / 车站 / 机场 / 人行道等区域导向系统	A		C	D
附加功能	标志性 / 地理性	形态 / 尺度 / 照明	A		C	
	环卫信息	废物箱 / 垃圾桶 / 公共厕所	A		C	
	休闲信息	公共座椅 / 休息处 / 饮水处 / 吸烟处	A		C	
	交通信息	候车亭 / 公交站	A		C	
	通讯信息	公共电话 / 网络终端 / 邮箱、邮筒 / WIFI等	A		C	
	文化生活设施	报刊亭 / 信息亭	A		C	
	自行车停放信息	自行车停放站 / 自行车停放架 / 公共自行车租赁、归还站	A		C	
	市政箱体 / 消防	市政设备 （维护）	A		C	
	物流信息	商务 / 商场 / 博览会 / 运营	A		C	

A. 固定信息表示 / 对大众　　　　　　C. 双向界面 / 对个人

B. 可变信息表示 / 对个人　　　　　　D. 有人对应 / 对个人

4.96

4.97 | 4.98

图4.92—图4.95
综合式的导向标识
图4.96
综合式导向标识的承载内容
图4.97—图4.98
上海虹桥交通枢纽的综合式导向标识

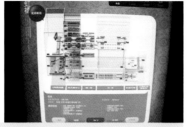

| 4.99 | 4.100 |
| 4.101 | 4.102 |

三、标识导向系统中的色彩、文字与图形

　　视觉在人类的各种感知系统中具有支配地位，人类通过视觉感知到外部世界的信息量占所有感知系统接受外部世界信息量的80%以上，因此，视觉效果直接影响标识导向系统功能性的发挥。标识导向系统与人类视觉感知的交互主要是通过标识的色彩、图形和文字三方面的内容来实现的。

1．标识中的色彩

　　色彩是人们视觉感知过程中最具活力的视觉元素，它具有很强的视觉冲击力，人类对于来自外界的各种视觉形象，如物体的形状、位置、特征等方面都是由色彩及各种色彩之间的明暗关系确定的。在物体对人的视觉产生刺激的各种因素中，色彩是最早引起人的视觉反映的方面，其次是物体的形状、质感等方面。而对于物体的形状、质感等方面的判断也是以色彩的视觉感知为基础的。有实验表明，人们在看物体的时候，在最初20秒内，对色彩的感知成分占所有视觉感知的80%，2分钟后，色彩占60%，形态占40%，5分钟后，色彩、形态各占50%，之后这种状态会持续下去。

　　色彩的运用在标识导向系统的设计中也同样是很重要的环节。它具有较强的视觉感染力，它可以直接影响人们的注意力和情绪。标识导向系统中的色彩是其系统性和可识别性的重要手段，也是达到与环境协调的重要方面。此外，色彩还具有很丰富的情感感染力，不同的色彩可以带给人们不同的视觉感受和心理感受，甚至某些色彩在长期的固定使用后，已经在人们脑海中形成了固定的联想内涵，被赋予了某种特殊的象征意义。因此，在标识导向系统色彩规划和设计环节中应全面考虑文化背景、环境色彩、地域传统等主客观方面的因素，制定一套合理有效的配色方案。

　　色彩包括色相、明度和纯度三个基本属性，它作为自然界的客观存在，本身并不具备情感倾向。但是，人们对客观世界的认识和改造过程中，却逐渐为各种颜色赋予了不同的感情色彩，例如红色代表警戒或热烈，绿色代表自然和安全，白色代表纯净和简单，黑色代表严肃和庄重等。不同的色彩可以给人不同的心理感受。在标识导向系统的设计过程中，如果色彩的物理属性和色彩对人的心理及情感造成的影响两方面均得到充分的利用，可以在一定程度上改善环境氛围，改变空间尺度和比例，从而完善标识导向系统与环境的视觉效果（图4.103～图4.106）。

4.103		
4.104		
	4.105	4.106

图4.99
上海虹桥交通枢纽的综合式导向标识
图4.100—图4.102
上海虹桥交通枢纽的综合式导向标识
图4.103—图4.106
色彩鲜明的标识

色彩在标识导向系统中的作用主要是辅助信息传达和优化视觉效果两个方面。

辅助信息传达是指通过运用色彩之间的对比、调和等手法，使标识导向系统中的色彩能够富有节奏感和可识别性。对比的手法是指在标识导向系统中，为了提高能见度和视觉冲击力，往往会运用明度和纯度对比度较大的颜色作为相近色，使其之间的差异产生强烈的视觉感知，从而达到迅速和高效的向人们传达环境信息的作用。尤其是在一些需求量较大或者紧急使用的标识导向系统中，往往要选用明确和鲜明的色彩。例如，洗手间的标识和消防设施的标识等，都要采用提高与周围环境色彩对比度的方式，以确保标识导向系统的明确性和易识别性。如图4.106、图4.107所示，图案与底色色彩对比度弱，作为传递最重要信息的几号线的数字远看模糊不清、不易识别，大大降低了信息的传递功能。

而调和的手法是指以同类色为基调运用于标识导向系统的色彩设计中，这种手法往往运用于同一环境中不同功能的标识体系，或者运用在大型复杂空间中的区域划分以及不同方向的导向。运用调和的手法可以保持标识导向系统的整体统一性，并且每个色彩系统之间既有区别又有联系，可以方便标识导向系统功能的划分或区域标识系统的识别和管理。在面积较大的区域环境中，色彩可以帮助标识导向系统区分环境区块，不同的区块中采用不同的色彩加以区别，而同一区块中的标识则采用同色的标识进行展示。例如，将楼层信息指示标识以色彩进行层次上的区分，与标识所处楼层相关的信息都用同一种颜色表示，同一区域的标识导向系统形成颜色上的融合和统一，用以与其他楼层信息进行区分，达到层次分明的视觉效果，便于使用者对分层信息的有效识别，避免出现视觉混淆（图4.108～图4.113）。

色彩除了辅助标识导向系统的信息传达功能之外，还能够起到优化视觉效果的作用。标识导向系统是为人传达环境信息的功能体系，同时它也是整体环境一个很重要的组成部分。过多色彩的使用会造成视觉疲劳和信息传达的混乱，也会给人们造成不好的心理感受。因此，标识导向系统的色彩设计不仅要考虑其自身视觉冲击力对人的视觉感知造成的影响，还要考虑它与环境之间的协调性和统一性。并且，标识导向系统作为艺术设计范畴的属性也要求它必须充分考虑对环境的视觉美观性和环境主题氛围等方面的影响。标识导向系统要发挥功能性作用就必须色彩鲜明，提高易识别度和清晰程度。而同时，它也必须与环境的基础色调相协调，避免给人感觉与环境格格不

4.107
4.108

图4.107
上海某区域色彩对比度较弱的二号线导向标识
图4.108—图4.113
灵活运用色彩的导向标识

4.109	4.110
4.111	4.112
4.113	

入。此外，标识导向系统还能够运用色彩间的节奏感改善空间的视觉效果。色彩的节奏就是通过各种色彩的色相、明度、纯度等要素有规律地组织、排列、交替，所得到的具有活力和动感的视觉感受。例如，在色彩相对单调和乏味的区域空间中，可以适当地使用色彩鲜明的导向标识活跃环境空间，改善环境氛围，给人以良好的视觉感受和心理感受（图4.114～图4.117）。

标识导向系统的色彩既可以通过材质的固有色彩得以实现，也可以在材料的基础上赋予其他色彩。标识导向系统的色彩定位和配色方案与标识导向系统的整体规划方案及材料选择是同步进行的，标识导向系统的色彩规划直接影响标识导向系统材质的选择。例如，在现代设计风格的环境中采用银灰色调作为标识导向系统的主色调，就要选择不锈钢作为标识导向系

4.114 | 4.115
4.116 | 4.117

统的主体材质；在公园、绿地等自然环境中采用棕黄色系作为主色调，标识导向系统就要选择木材材质或仿木材的材质；而如果需要多种颜色配合的标识导向系统往往会选择亚克力、铝材等方便进行色彩工艺处理的材质，以方便标识导向系统多种颜色的选择。

此外，有色灯光的运用也是帮助标识导向系统实现色彩效果的重要手段。灯光的处理手段也是丰富多样的，可以为其自身配备色彩灯光的设计，也可以采用外环境灯光进行辅助以达到需要的色彩效果，还可以为已有导向标识添加安装色彩灯光以达到良好的视觉效果。运用色彩灯光的标识导向系统中大多以玻璃、亚克力等受光线影响较大的材质为主题，并且大多数运用于环境光线较暗的环境中，以方便色彩光线辅助功能的发挥（图4.118～图4.123）。

图4.114—图4.117
色彩与环境协调的导向标识
图4.118—图4.123
采用材质原始色彩的导向标识

4.118	4.119	4.120
		4.121
4.122	4.123	

2. 标识中的文字

标识导向系统中色彩是感性和富有变化的元素，而文字则是理性和准确的元素。标识导向系统中的字体设计可以作为独立的设计环节而存在。合理的字体运用可以使导向标识的信息清晰、明确，确保信息内容的瞬间识别和准确传达。标识导向系统中的文字最先确定的是其信息内容，然后再确定文字的字体、大小、颜色、与标识的比例和底色的关系等方面。

标识导向系统是具有很强的功能性的体系，人们从标识导向系统中获取的环境信息往往是在运动的状态下，因此要考虑人的视觉在动态情况下的识别能力，突出文字的可读性和易识别性。基于这方面的要求，标识导向系统中文字的设计要注重细部的平面视觉效果，对画面的负空间、空白处以及形态容易模糊和混淆的文字进行重点考虑和设计。例如，尽量避免字形相似的字母或数字，对于笔画繁琐的文字应适当加大其字体大小或文字间距等。

在对文字本身的结构进行研究和设计之外，还应该注重文字与底色的关系，一方面要考虑文字本身与底色的明暗对比度，另一方面要考虑文字与背景色颜色互换后的视觉效果。一般来说，标识导向系统中的文字和底色的明暗对比度应该适当加大。文字使用明色调，背景就要用暗色调；反之，如果背景是明色调的话，文字就要用暗的色调，以确保文字信息在远距离和动态行走过程中也能被易于辨识。根据研究发现，字体暗而背景亮和字体亮而背景暗两种处理方式给人的视觉感受和易辨识度也有很大区别。通常情况下，深底白字的视觉效果比使用白底深字的视觉效果具有更强的扩张性，传达信息的速度也更为快速（图4.124～图4.127）。

文字根据笔画结构的不同在平面设计的范畴中有很多分类，在标识导向系统中最常使用到的文字是汉字、拉丁文字和

数字三类文字。这三类文字因为笔画结构的差异，在标识导向系统的文字设计中也要使用不同的设计方法。

汉字是汉语言的文字，是世界上最古老的文字之一。汉字是由图形和符号演变而来，形态上由复杂变为简洁，每个汉字形成一个独立的方块体，俗称方块字。汉语言文字的笔画结构比较复杂，很多汉字都是由两个或多个偏旁部首组成，很多字形十分接近。此外，汉语文字的独立性较强，每个文字可以代表特定含义。

由于汉字的字形结构复杂，且很多文字具有相似性，因此标识导向系统中的汉字字体设计要注重文字笔画之间的关系，以及文字笔画结构与背景底色的关系。相同的字体在不同的情况下也会产生不同的视觉效果。例如，汉字宋体笔画纤细，字形清秀优美，在静止或近距离观看的状态下有良好的视觉效果，但是在动态或远距离的状态下观看则会由于笔画过细而产生识别困难；而汉字黑体笔画粗壮，每个笔画的粗细一致，笔画间的结构明确规整，符合人们的视觉习惯，在一定的运动速度和距离内易于辨识，具有较高的可读性。标识导向系统中的文字是用来传达环境信息的工具，它的可辨识度是保障其功能顺利发挥的重要条件，因此标识导向系统的汉字字体应该选用笔画粗细一致、结构明确，在动态和较远距离也能够具有良好可读性的文字字体。

拉丁文字是当今世界三种最具影响力的文字符号之一，也是世界上应用最为广泛的字母文字。很多欧美国家的文字都是在拉丁字母的基础上演变而来，例如德语、法语、西班牙语、意大利语等，其中英语字母作为世界上应用最为广泛的语言被大量运用于世界各地的标识导向系统中。

数字也是标识导向系统中运用较多的文字之一，数字包括罗马数字、阿拉伯数字等各国文字中表示数量的文字。在这其中，阿拉伯数字是当今世界通用的数字符号，具有很高的认知度，在标识导向系统中的运用也最为广泛（图4.128～图4.133）。

3. 标识中的图形和符号

标识导向系统中除了色彩和文字之外，还有一项很重要的平面视觉构成元素即图形和符号。如果说色彩是感性和富有变化的，文字是理性和准确的，那么标识导向系统中的图形和符号则是既有感性和富有变化的外在形象，又有理性和准确的信息内涵。标识导向系统的设计中为了提高环境信息的传达速度和易识别度，往往较少使用文字，而较多采用平面图形和视觉

图4.124—图4.127
标识中的文字运用

4.128 | 4.129
4.130 | 4.131
4.132 | 4.133

图4.128—图4.129
汉字在标识导向系统中的运用
图4.130—图4.131
拉丁文字在标识导向系统中的运用
图4.132—图4.133
数字在标识导向系统中的运用
图4.134—图4.136
图形和符号在标识导向系统中的运用——英国布里斯托尔利兹堡城

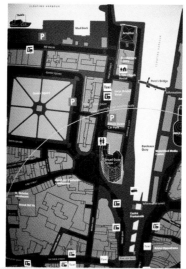
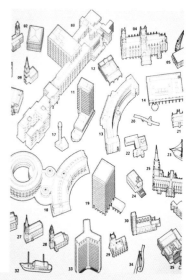

符号传达特定信息。图形和符号的使用是为了让人们更为直观地获取环境信息，它的特点是简洁清晰、涵义明确。标识导向系统中的图形和符号往往是环境属性或环境特征的表现，是环境信息的提炼和简化。

标识导向系统中的图形和符号不仅是美观的平面图案，它一定要具有代表特定环境信息的涵义。正如美国图形设计理论家飞利浦所说："如果图形不具有象征或词语含义，则不再是视觉传播而成为美术了。"诚然，标识导向系统是传播信息的工具和手段，标识导向系统中的图形和符号也应该能够充分地发挥这一功能，准确无误地传达环境信息。

图形和符号在标识导向系统中的作用首先是将环境特征或环境信息简化概括，转化成特定的并具有美观的视觉效果的图形符号，当人们看到图形符号时，由视觉语言体现的环境信息反馈到人的大脑，是人们对环境和方向有所了解，并做出正确的判断，指导人们在环境中的行为。从20世纪70年代开始，导向标识的图形逐渐走向国际化，用图形和符号指示环境信息已经成为一种有效的传达方式，它具有超越国界和语言障碍的优越性，因此得到了公众的广泛认同。

此外，生动形象的图形和图案相较文字来说更容易识别和记忆，能够辅助标识导向系统提高环境识别的功能。尤其是在大面积且环境组成要素雷同的情况下，色彩化的图形和图案更便于区分区域和位置，加深观察者对环境标识的记忆（图4.137～图4.142）。

图 4.137

图 4.138

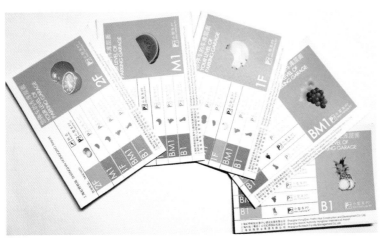

标识导向系统中的图形和符号的设计和应用要兼具规范化原则和个性化原则，两方面相辅相成。一方面，标识导向系统的功能性要求图形和符号能够快速准确地传达环境信息，因此只有使用正确的能够准确说明环境信息的图形和符号才能传递预期信息，否则不但不能体现图形符号在传达信息方面的优势，反而会造成误解、歧义和信息的混乱。目前已经有一些国家在尝试标识图形的标准化运用，也就是将图形和符号当作语言文字一样进行统一规范，并通过教育和长期的使用向大众推广，使大众对于标准化的图形和符号形成惯性认知。另一方面，标识导向系统中的图形和图像也不仅仅是信息传达的辅助性工具，他也可以作为一种独特的设计语言进行创意设计。毕竟环境的风格、气质和氛围等方面都各不相同，因此将所有环境中的标识图形进行标准化处理会造成枯燥和乏味的视觉疲劳。在一些特征明确，主题鲜明的环境中，图形图像可以在规范化使用的基础上进行创意设计，对其细节进行装饰和美化，通过艺术化的处理使其达到美观的视觉效果，在人们脑海中留下深刻的印象。事实上，国际标准化组织允许对标准化的图形符号进行个性化的设计，尤其是在娱乐场所、动物园、展览馆等主题鲜明的休闲环境中，个性化和趣味化的标识图形可以更好地烘托环境的主题，达到与环境的融合统一（图4.143～图4.151）。

4.137	4.138		
4.139	4.140	4.143	
4.141	4.142	4.144	4.145

图4.137—图4.142
上海交通枢纽地下停车场运用图形和图案划分区域的标识导向系统
图4.143—图4.145
日本福冈医院内个性化的标识

四、标识导向系统载体的形态

形态是一切设计的表现手法和存在方式，也是人们区别事物最直接的手段。没有外在的形态，其内容就无从表现。标识导向系统形态设计的合理与否直接关系它最终功能发挥的效果以及使用者对其的满意度。具有合理且美观形态的标识导向系统可以充分发挥视觉感染力，有效地吸引人们的视线。标识导向系统的形态是标识信息的载体，此外它也是传达环境信息和辅助营造环境氛围的手段。

在承载标识信息和传达环境信息的方面，由于标识的形态相对面积较大，它的造型可以使人对其产生兴趣，吸引人们的视觉注意力，进而到对标识内容的关注和对环境信息的快速感知。在各种视觉要素中，人们对于形态的感知要比平面的文字和图形更为强烈，因此有特色和个性的形态能够帮助人们在复杂的环境中迅速地捕捉到标识导向系统，从而达到快速传达信息的效果。

此外，标识导向系统的形态在辅助营造环境氛围方面，也具有很重要的意义。标识导向系统是环境的组成要素之一，它的形态可以帮助渲染整体环境的氛围，优化环境的视觉效果。富有动感的造型合一使沉闷乏味的环境空间变得活泼并具有节奏感，柔和可爱的造型可以使冷漠的环境空间变得温馨并具有活力。因此，标识导向系统的形态设计也要从环境特色出发，以自身艺术化的美观合理的造型辅助环境氛围的烘托，优化环境带给人的视觉感受。

按照视觉形态最基本的区别，城市标识导向系统的形态可以分为平面形态、几何形态、自然形态以及立体化的平面文字等方式。

1. 平面形态

平面形态是指直接依附于建筑物的立面或其他平面载体的表面上的标识形态，早期的标识基本都是采用平面形态。采用平面形态表现方式的标识直观、明确、可视性强。平面形态的标识一般面积不会太大，但由于它趋于二维的视觉效果，要求在设计的时候要充分考虑平面形状、色彩、图形、文字等平面视觉特征。此外，还要考虑与背景环境的协调并同时具备醒目的视觉特征。平面形态的标识往往采用有厚度的板材等材质，以浅浮雕的形式依附于建筑物的墙面或独立式的板壁上，并与背景载体形成一定的立体效果，如果有外界光线的作用会在背景上产生投影，能够更具视觉吸引力（图4.152～图4.155）。

4.152		4.156
4.153		4.157
4.154	4.155	4.158

图4.152—图4.155
平面形态作载体的标识
图4.156—图4.158
几何形态作载体的标识

2．几何形态

几何形态是指运用圆形、三角形、方形等基本的几何形，对其进行立体化的处理，形成球体、圆锥体、方椎体、圆柱体、立方体等三维立体的形式，并由其组成标识形态的造型方式。几何形态的运用在标识中的表现方式主要是将基本三维几何形态通过组合、构成或切割、重组等手法形成丰富的造型体态。

正如每种色彩都能够给人不同的心理感受一样，不同的几何形态也具有不同的性格，能够令人产生不同的视觉感受和心理感受。几何形态的这种特性可以根据需要使用恰当的造型形态。

圆形是一种完满的形态，它表现出的是一种向心和紧凑的视觉效果，能够给人凝聚和向心以及完整的心理感受。圆形在标识设计中的应用方式较为多变，有时以球体或圆柱等圆形形态符号单独出现，有时以其他造型元素进行排列组合构成圆形轮廓，用以表现聚焦性、连续性、一致性、严谨性、稳定性、包容性等视觉效果。

三角形形状本身给人以稳定性和尖锐的视觉感受，在标识导向系统形态的设计中往往较多地运用三角形形态的稳定性特征，有时也会作为一个结构单体被运用到标识形态的结构中，或者是通过三角形结构实现造型与结构互为一体的效果，帮助标识形态打破常规性，富有变化和活力。

方形是相对规整的形状，在视觉效果上具有形态明确和边缘清晰的特征，往往会给人理性、严谨、稳固的心理感受。方形在标识导向系统的形态设计中应用的最为广泛。方形相对于圆形、三角形而言，有更多变化的可能性，如它旋转一定角度的状态和放正时的状态相比，有着不一样的视觉感受——它可以让你感觉到活泼的动态之美，也可以让你感觉到踏实的静态之美；它的变化可以表现的单纯却不乏味，也可以表现的多样却不杂乱。

在标识导向系统的形态设计中往往还会将几种几何形态组合使用，兼具各种形态的视觉效果，各取所长，共同为标识形态的个性化和趣味性服务（图4.156～图4.161）。

3．自然形态

自然形态是指运用特定材料和相应的制造技术模仿存在于自然界中的各种有机体或无机体的形象与体态，自然形态包括

4.159 | 4.160 | 4.161

具象自然形态和抽象自然形态两种方式。

　　具象自然形态是仿真式的模仿，它的形态源于所要表现的自然物体，将其造型运用特定材料进行形态的"复制"。它的特点是能够让使用者直截了当、一目了然地理解标识的功能作用。具象自然形态在造型、色彩、材质等各方面都是对表现对象的一种真实再现或对各方面特征优化提炼后的再现。

　　具象自然形态形象生动，往往直接采用现实生活中人物、动物或事物作为原型。具象自然形态所适用的场所通常是在对标识的认识过程有趣味、幽默、欢快轻松的感觉，例如儿童活动场所，主题游乐场等环境。一些企业为了表现自身的亲和力并扩大人们对其企业文化的认知度，也直接运用仿真形式的标识设计定位自己的企业形象标识。例如，遍布各国的麦当劳快餐店，每家快餐店都会有一个坐在长椅上随时准备与人合影的"麦当劳叔叔"的具象雕塑造型作为其标识，这对顾客特别是好奇心强的孩子来说相当具有视觉感召力。

　　抽象的自然形态是指以自然形为主题，采用变形、夸张或组合的方式对自然形态加以艺术化和主观性的处理，在保留原有原始事物的根本特点的基础上作一些大胆的简化或夸张，对自然形态进行抽象化的造型创造。抽象自然形态在标识设计中的运用方式也表现出多样化，有的以景观雕塑的形式出现，有的以局部点缀的形式表现，根据不同环境的需求而选择，起到象征、装饰的作用。

　　抽象自然形态将原始的自然形态进行概念化的处理，它不再是直接简单的模仿，而是一种原始自然形态精华部分的提炼和发扬，这种抽象化处理要把握好原始事物的内涵、外表特征以及人对它的认知层面，利用新的思维形式创造出形象别致有

图4.159—图4.161
几何形态作载体的标识
图4.162—图4.165
自然形态作载体的标识

创意的标识形态，才能被大众所接受，发挥它的自身的功能性作用。随着人们艺术素养和审美能力的提高，像城市标识性雕塑等抽象自然形态的标识会得到越来越多的运用，它不仅能够反映城市的文明程度，还能够起到提升城市整体形象的作用（图4.162～图4.165）。

<table>
<tr><td>4.162</td><td>4.163</td></tr>
<tr><td>4.164</td><td>4.165</td></tr>
</table>

4．立体化的平面文字和符号

在标识形态的设计中，将平面文字和符号进行三维立体化
的处理也是一种独特色造型方式。文字本身具有双重的属性：
一方面，它具有基本的功能属性，也就是解释说明的作用；另
一方面，它作为一种平面视觉元素还具有图形符号的属性，可
以说文字就是自然形态进行提炼归纳并进而图形化处理的产
物。将平面的文字或符号进行立体化的造型处理，不仅可以强
化文字内涵信息的传达，形象化地表达环境信息，还能造成强
烈的视觉冲击力，烘托环境的氛围，传达环境中的一些文化性
特征和内涵（图4.166～图4.174）。

4.166
4.167

图4.166—图4.170
运用立体化的文字或符号作载体的标识
图4.171—图4.172
德国科布伦茨的誉石要塞运用立体化
图形作载体的标识

4.173 | 4.174

标识导向系统的形态设计不同于雕塑创作或者街具设计，除了符合视觉的美感以及人机工程学的合理性之外，它的造型和形态还要能够充分发挥辅助信息传达的作用。标识导向系统的实用性和功能性是其存在的根本原则，因此标识导向系统的形态要以其实用性为出发点，为其功能性服务。标识导向系统的形态设计往往使用简洁明快、线条简练的造型，摒弃多余的修饰和装饰，避免矫揉造作。过多的视觉焦点会转移人们的注意力，无法快速传递环境信息，还会使人们的视觉选择产生混乱，使标识导向系统的功能性无法体现，因此标识导向系统的形态要以快速吸引视线并顺利传达环境信息为根本原则。

另一方面，简洁、明快的造型并不意味着简单和乏味，标识导向系统作为环境的重要组成元素，还应该辅助环境体现出视觉的美感，并且承担烘托环境氛围的角色，因此标识导向系统的造型在功能性的基础上还应该具有美观的装饰性，并且根据其所处的环境特征和精神象征性元素进行提炼，以符合环境装饰的需求。可以说，标识导向系统的形态设计就是在其功能性和装饰性中寻找平衡点，既能够具备与环境协调的美感，又能够吸引视线顺利地传达环境信息。

五、标识导向系统载体的材质

标识在环境中需要依附于立体的载体才能实现，标识的载体可以根据需求采用各种的材料，采用一定的加工技术和制造技术，按照设计者的创意方案对不同的材质进行加工成型，使其成为标识的形态，这样标识才能立足于环境中实现其自身

图4.173—图4.174
德国科布伦茨的誉石要塞运用立体化图形作载体的标识

的功能。标识导向系统采用的材质种类有很多，早期主要是石材木材等天然材质的时候，逐渐发展到现在的玻璃、金属、亚克力等人造元素，很多都被运用到标识导向系统的设计和制作中。但是无论选择哪种材质作为标识导向系统的载体，都要考虑材质的质地、机理、特性，并充分考虑这种材质在环境中的视觉效果和环境特征。

1．石材

石材是一种古老的建筑材料，也是早期的标识最常使用的材质之一。石材还是一种自然的材料，它能根据构成元素和形成年代的不同体现出不同的外观和特性。

在现代标识导向系统中，比较常用的石材是大理石和花岗岩。天然大理石是地壳中原有的岩石经过地壳内高温高压作用形成的变质岩，属于中硬石材，主要由方解石、石灰石、蛇纹石和白云石组成。大理石一般都含有杂质，而且碳酸钙在大气中受二氧化碳、碳化物、水气的作用，也容易风化和溶蚀，其表面很快会失去光泽，因此大理石材质往往较多用于室内的装饰材料和室内标识导向系统的载体。天然花岗石是火成岩，也叫酸性结晶深成岩，是火成岩中分布最广的一种岩石，属于硬石材，由长石、石英和云母组成。花岗岩的岩质坚硬密实，不易风化变质，外观色泽可保持百年以上，而且由于花岗石与大理石相比质地更坚硬且耐酸大多用于室外的装饰中，室外使用的石材标识导向系统往往采用花岗岩进行加工处理。

石材的天然特性是坚硬，稳固，相对于木材和金属等材质，它的可塑性并不是很强，石材的加工方法主要有手工雕刻、喷砂雕刻、酸蚀刻、水枪切割，以及石粉浇铸成型工艺。采用不同方式进行加工的石材会呈现不同的视觉效果，例如石材的表面抛光后可以呈现反射镜面的效果，而采用切割加工，不进行抛光处理的石材则保留了原有石材的自然肌理，给人以原始和自然的视觉感受。

石材由于其自身稳固的特点和坚硬的视觉特征，运用在标识导向系统中时比较适合制作正式和严肃的标识，或者作为标志性立体导向标识的载体，亦或者是用来制作海边、码头等潮湿场所的标识。此外，由于自然和原始的特征，石材还往往被用于园林、公园等以自然环境或自然景观为主的场所中，以便与周围景观环境融为一体，辅助景观元素烘托自然和质朴的环境氛围。石材作为一种稳固且易于取材的材质，在标识导向系统中的应用是较为普遍的，并且在制作导向标识的各种材质中

4.175　4.176
4.177
4.178

占有很重要的一席地位（图4.175～图4.178）。

2. 木材

木材也是较早被用于标识导向系统中的一种材质，它与石材一样，也是比较方便取材的一种自然材质。对于石材而言，木材的可塑性较高，加工方法也较多，可以通过切割、雕刻、刨刻、喷砂、热弯曲等方式制作成形态各异的造型效果。早期木材被运用在标识设计中时是由于加工简单，取材方便，随着技术的不断发展，木材在标识设计中的色彩和形态逐渐丰富。木材的稳固性和防腐程度远不如石材，因此标识导向系统中使用的木材往往都要进行防腐工艺的处理。另一方面，由于木材的表面上的色彩处理也会随着时间和气候因素的影响而褪色，采用木材作为载体的导向标识还需要经常进行色彩的修复和更新。

木材最为一种自然材质与石材一样经常被运用于园林、公园等具有自然环境的场所中，有时还会配合竹、藤等材料，与周围景物融为一体，给人以远离喧嚣、自然质朴的心理气氛。除了天然的木材质，加工木材质现在也较多的运用到标识导向系统中，例如多合板、纤维板、刨花板等，根据加工方法不同，各种人造木材质的质感、肌理也各不相同，有的粗糙，有的光滑，有的反光，有亚光……设计者可根据预期达到的视觉效果选择不同的木材质。

近几年，随着木材资源的减少和大众环保意识的提高，人们对木材的取用更加节约，在需要木材质视觉效果的标识导向系统中往往也会使用其他材料模仿木材的肌理和质感，用以替代木材的使用，这样既可以取得木材的视觉效果，又能避免木材的浪费，还可以避免腐朽、褪色等现象的困扰，所以这种方法在室外环境的标识导向系统中使用得比较普遍（图4.179～图4.182）。

图4.175—图4.178
以石材为载体材质的标识
图4.179—图4.182
以木材为载体材质的标识

3. 金属

金属材质是近年来在标识设计中运用得比较普遍的一种材质，尤其适用在现代主义设计风格的建筑或景观环境中。从普遍意义上讲，金属具有反光性、延展性、容易导电、导热等性质。在标识设计中较常用到的金属主要是钢材铝材和铜这三种材质。

钢是对含碳量质量百分比介于0.02%-2.04%之间的铁合金的统称。钢的化学成分可以有很大的变化。在实际应用中，钢材往往根据用途的需要含有不同的合金元素，例如锰、铬、镍等。

钢材具有稳固耐用和易加工的特性，因此在众多制作标识的材质中备受设计师的青睐。在很多较大型的标识中钢材由于其稳固的特性也成为支撑结构的最佳选择。而且，钢材根据环境需要既可以加工成反光的肌理也可以加工成亚光的肌理。

在众多钢材中，不锈钢由于其耐腐性方面的优异性能，且其色泽呈现冷色调的金属感，很符合现代主义的建筑设计风格需要的视觉效果，经常大量用于建筑装饰材料中，也是标识设计中大量运用的材质之一。不锈钢是指含铬量大于12.5%以上，具有较高的抵抗外界介质，例如酸、碱、盐腐蚀的钢材类型。不锈钢在标识设计的应用中非常广泛，可以作为标识载体形态的主材质，也可以作为局部的装饰，或者用于字母或图形的造型用以增强视觉冲击力和美观性。

铝材属于轻金属，熔点低，纯铝易氧化，但生成的氧化铝结构非常紧密，且化学性能稳定，能起到防止铝继续氧化的作用。一些铝合金在强度上超过结构钢材，但是纯铝及某些铝合金的强度和硬度极低。铝的反射能力强，表面呈银白色光泽。经加工后可以达到很高的光洁度和光亮度。经阳极氧化和着色处理后，可以制作成五颜六色、光彩夺目的制品。

铝材的稳定性、易加工性、可锻造性和可回收性使其得到了建筑设计师和标识设计师的广泛青睐，在现代生活中，铝已经广泛地应用在建筑行业、室内装饰和标识设计中。铝材铸造非常方便，它的塑性好，大多数机床可以达到最大速度进行车、铣、镗、刨等机械加工，近几年也出现了许多规格化的铝型材，大幅度提高了标识的规格化、模块化、批量化生产程度，通过将各种精心设计的铝材单元的组合或组装，可以创造丰富的轻便易安装的标识形态。

铜是一种传统而又现代的重要金属材料，它是人类最早认识和使用的金属，在人类使用的所有材料中，铜对人类文明的影响最显著。铜能与其他许多金属形成合金。例如，铜与锌

的合金称为黄铜，铜与镍的合金称为白铜，铜与铝、锡等元素形成的合金称为青铜，等等。铜中加入合金元素，可以提高其强度、硬度、弹性、易切削性、耐磨性以及抗腐蚀等方面的性能，用以满足不同的使用要求。

铜与金和银在元素周期表中同属于一族，因而具有与贵金属相似的优异物理和化学性能。它具有塑性好、易加工、耐腐蚀、无磁性、美观耐用的特点。在标识设计中，铜材的使用往往是借用它的古典气质。铜与环境中的氧气、二氧化碳和水等物质反应产生的物质，在正常环境下被氧化后会产生呈现翠绿色的铜锈，这种表面的变化能让人感受到时间和历史的痕迹，这种视觉效果运用在标识设计中能够增强标识的古朴感和历史感，往往使用在严肃、大方、传统或具有历史的建筑环境或景观环境中。此外，铜经过镀金加工处理后可以呈现良好的光泽度和细腻的质感，给人以典雅和高贵的视觉感受，能够增强的视觉感染力，并帮助提高环境整体视觉效果的美感（图4.183～图4.189）。

图4.183　以金属为载体材质的标识

图4.184—图4.189
以金属为载体材质的标识

4．玻璃

　　玻璃是近几年较多用于标识导向系统中的一类材质。现代主义风格盛行的年代，玻璃在建筑设计中被大量运用，逐渐延伸运用在标识导向系统中。玻璃具有高透明度和易于加工的物理特性，这种特点都成为它深受标识设计师青睐的原因。玻璃的透光性和通透性使得他能够在环境与环境中的物体较好的融合，创造出丰富的光影效果和现代高雅的视觉感受。

　　玻璃在标识导向系统中往往是以平面式的板材形式出现，对玻璃的加工方法主要有雕刻、蚀刻、丝印、喷砂等方式，根据造型需要也会进行热弯曲等成型加工处理，以改变其平面的形态。此外，玻璃还可以进行染色处理，根据需要加工成彩色玻璃，既具有玻璃通透的特性，又有色彩和光线的变化，呈现出丰富的层次感。

　　玻璃经常会与金属材质同时使用，以呈现纯净、简洁和现代雅致的质感，较多地运用在现代设计风格的建筑室内环境中，或者是简洁纯粹的景观环境中。以玻璃作为主要材质的标识导向系统，造型往往采用直线条形态，营造大气和理性的环境氛围（图4.190～图4.193）。

5．亚克力

　　"亚克力"是一个音译外来词，英文是ACRYLIC，属于一种化学材料。化学名称叫作"PMMA"，属丙烯醇类物质，俗称"经过特殊处理的有机玻璃"。亚克力具有高透明度，透光率达92%，有"塑胶水晶"之美誉。而且亚克力具有极佳的耐

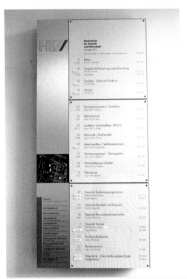

4.190 | 4.191
4.192 | 4.193

候性，也适用于室外场所，并兼具良好的表面硬度与光泽，可以呈现很强的装饰性。在加工方面，亚克力具有很强的优势，它的可塑性强，从丝印、切割、浮雕、激光雕刻到真空吸塑成型，可以根据需要制作成各种形状。其次，亚克力的种类繁多并可以通过染色呈现各种丰富的色彩，还可以加工成半透明色彩色板材，即使板材厚度很大仍能维持很高的透明度。

　　亚克力材质制作的导向标识往往用于办公场所、行政区域、商场、展览馆等现代风格的建筑中，亚克力材质也像玻璃一样能够营造出简洁和干练的视觉效果，但是比玻璃更具亲和力且易于加工和安装。亚克力在标识导向系统中的运用有时是单独使用，有时与金属搭配使用，因其透光性好且具有自熄性、不易燃等特点，亚克力还经常与光源一起使用，增强其视觉冲击力（图4.194～图4.199）。

6. 灯光和电子媒介

随着城市中人们夜间活动的频繁和普及，灯光在城市标识导向系统的运用也非常普遍。在夜间，有行人的区域的标识导向系统为了保证其在黑暗环境中的功能能够得以顺利发挥，必须设置灯光照明用以辅助其信息内容能够被完全传达。

4.194
4.195

图4.190～图4.193
以玻璃为载体材质的标识
图4.194～图4.195
以亚克力为载体材质的标识

4.196	4.197
4.198	
4.199	

图4.196—图4.199
以亚克力为载体材质的标识
图4.200—图4.201
以灯光或电子媒介为载体材质的标识

除了霓虹灯、灯箱等早已普遍用于标识导向系统的载体之外，以LED光源投射亚克力或玻璃、光线投影到建筑平面上的以光源为主要载体的方式，近几年也经常被运用到新建筑的室内标识中，有时还会根据环境氛围的需要将彩色光源投射在水幕等活动的载体上，产生动态活泼的光影效果，丰富环境装饰元素的同时吸引人们的视线传达环境信息。

　　此外，基于某些环境中信息量大或信息更替频繁的需求，LED显示屏、彩色电子显示屏、交互查询屏幕等以新媒体为信息载体的标识的形式也越来越多地被使用在户外大型展览会、大型商场、道路、机场、车站等场所。

　　灯光和电子媒介为载体的标识在设计过程中要注意考虑安全性和耐久性等方面。由于灯光和电子媒介载体都要使用电能，故而当此类标识设施在户外的时候，要保障用电安全和易维修，尤其是采用金属结构时，还要考虑该材质在户外的耐腐蚀性，根据需要进行防潮和防锈的处理以延长材质使用寿命。电子媒介作为标识载体，有时会有需要修理或替换的需求，因此还要考虑检修结构的设置或设计成容易装卸和替换的结构，以方便使用过程中检修、替换和修补工作的进行（图4.200、图4.201）。

4.200 | 4.201

第五章 标识导向系统的管理

标识导向系统是与环境相关的设计分类中一个很重要的部分，它的完整性和系统性直接关系它的功能是否能够顺利发挥。一套完善的标识导向系统离不开以系统化为宗旨的管理和统筹。统筹工作主要包括标识导向系统的方案制定，以及方案通过后的具体规划、设计、制作、运营、维护、改良等方面。

对于某一项目环境的标识系统的专项设计工作，是一项牵涉该项目筹划、运营等方方面面的系统工程，必须建立相应的管理机制，以协调各个职能部门，并充分利用专业机构的优势，系统、有序、高效的展开。可以由项目管理部门配合相关专业机构，建立标识导向系统设计的专项工作小组，作为标识系统的专业协调机构，统筹并管理标识导向系统的具体工作（图5.1）。

标识导向系统的统筹管理包括标识规划方案设计、标识牌造型设计、标识平面视觉设计等设计方面的管理，以及标识的制作、施工方面的管理，还包括标识系统的运营、维护和后续的改良环节。

一、设计环节系统化的管理

对标识导向系统设计方面的管理，首先需要选拔善于调查、理解、分析使用者对标识的实际需求及解读能力，并熟悉相关标识的国际或国家通行规范、条例，具备优良的文字编写与图案设计能力，精通标识系统所需的各种语言，了解、熟知并能运用国际现今标识设计、制作的技巧、技术与材质、工艺的设计团队；之后，还需要统筹协调部门与设计团队密切配合、通力合作，对项目场地进行充分分析。在分析总结使用者各方面需求的基础上，具体对标识导向系统在场地中的规划设置、标识系统的内容、文字和图案等方面进行具体的分析，并提供合理的工艺和材质建议。

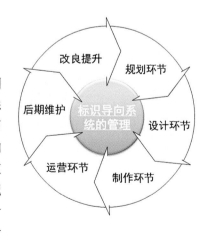

图5.1
标识导向系统的管理环节

二、施工环节系统化的管理

标识在制作和施工方面的管理需要统筹协调部门与设计团队的配合，在设计团队的指导下，进行标识系统的制作、安装和搭建等施工方面的工作；统筹协调部门要协助设计团队对标识的施工和制作的质量和水准进行必要的管理和监督；并协助和督促施工方对导向标识的载体进行定期的维护保养，及时进行补充或更替，确保标识导向系统功能的顺利发挥。

标识设施的施工是其所处环境整体建设的组成部分之一，必须在设计、制作、安装上充分考虑环境建设的进度和需求，避免不必要的重复建造（如在电子信息标识附近，应预留电缆接口和配备供电箱，以防重复开挖路面）。在标识的设施建设中，充分了解项目区域相关建设进程及相关细节，配合和指导建设单位和标识制作公司，做好标识设施的建设也是标识导向系统管理的一部分。

三、维护环节系统化的管理

除了设计、制作和施工方面需要统筹和系统化的管理之外，标识导向系统的维护也是保障其功能顺利发挥的重要方面。标识导向系统是环境中具有功能性的设施，它在环境中会由于环境条件或者人为因素产生材质的老化或损耗等问题，尤其是在户外场所的导向标识的载体受环境和外界的影响更大。如果标识导向系统产生了损耗或毁坏的现象，其功能性就会大打折扣，有时不仅无法进行导向服务，还可能造成安全隐患。

为了保障标识导向系统的导向和指示功能，统筹管理部门还要对标识导向系统的损坏、耗损等方面进行有力的监管，并对老化或损坏的导向标识进行及时的维修或替换，以维持标识间的联系性并保证标识本身的功能性。

四、后续改良环节系统化的管理

标识导向系统是环境和人们之间有效沟通的重要环节，它具有很强的公共性和功能性，因此标识导向系统不仅需要与其所处的环境在信息变化方面具有同步性，还需要根据使用者的意见和具体实施时出现的问题等进行改良性的设计和更新。

目前，比较广泛地应用在标识导向系统规划设计流程中改良型设计的管理方法是PDCA循环法。这一循环又被称作质量环，它是管理学中的一个通用模型，最早由休哈特（Walter A. Shewhart）于1930年构想，后来在1950年被美国质量管理专家戴明（Edwards Deming）博士再度挖掘出来，并加以广泛宣传和运用于持续改善产品质量的过程中，因此PDCA循环又被称为戴明环（图5.2）。

PDCA循环是全面质量管理所应遵循的科学程序，这个循环就是按照Plan(计划)——Do（执行）——Check（检查）——Action（处置）的顺序不停地周而复始的运转。其中P——Plan（计划）这一部分是指找出现状所存在的问题，分析产生问题的原因，找出各种原因中最为关键的因素，并针对主要影响因素制订计划和措施，提出改进的相应活动计划。D——Do（执行）是指执行所制订的计划，并按对策措施的要求予以实施。C——Check（检查）是根据计划的目标检查执行的情况，并检查对策措施的实施结果是否已达到预期目标。A——Action（处置）是根据检查的结果，采取必要的措施巩固已取得的成果，将效果好的措施纳入项目管理标准或技术标准，对未达到的预期目标进行进一步的改进；并提出遗留的问题，将其转入下一个PDCA循环中予以解决。运用PDCA循环对标识导向系统进行分析并改良能够提高标识导向系统的准确度和有效性，并能够帮助标识导向系统的功能能够得到充分的发挥和展现。

五、应急预案体系

完善的标识导向系统在规划设计的时候还应当具备配套的应急预案系统。标识导向系统是环境中公共设施体系的一个组成部分，因此环境中如果出现突发性的公共事件必然也会对标识导向系统产生较大的影响。

1. 突发公共事件对标识的影响

突发公共事件是指突然发生，造成或者可能造成标识功能缺失或丧失，影响正常运营和公共安全的紧急事件。影响到标识功能的突发公共事件主要包括：

（1）自然灾害。主要包括气象灾害、火灾、地质灾害、海洋灾害等，致使标识的功能缺失或丧失。

（2）事故灾难。主要包括各类安全事故、交通事故、标识设施和设备事故、照明事故等。

突发公共事件往往相互关联，或引发次生、衍生事件，可能造成标识功能的临时性或永久性缺失或丧失，因此应当对其进行先期预估、具体分析、统筹应对。

2. 应急预案分类

（1）总体应急预案：是应对突发公共事件中恢复标识功能正常化的整体计划、规范程序和行动指南，是规范性文件。

（2）专项应急预案：是标识管理职能部门在事件发生后所应采取的应对方案和保障措施。

（3）基层单元应急预案：是根据总体应急预案，由各基层单元制定的工作计划、保障方案和操作规程（图5.3）。

3. 应急预案的执行

标识导向系统的管理部门应定期对标识系统进行常规巡视检查，发现缺损或毁坏等问题时应及时记录、汇报与处理。对可能影响区域内标识功能丧失的损坏事件，应当尽快责令管理部门汇报，并安排人员就地履行临时引导责守。

管理部门在接到问题汇报后应当尽快组织修理、重建、修改、增补。如修理和重建发生困难，则必须在规定的时间内设置临时性标识，切实保证标识功能的完整实施。各相关单位、部门要与毗邻区域加强协作，要根据应急处置工作的需要，及时通报、联系和协调，必要时有进行先期处置等职责，设置临时性标识。

4. 应急预案的保障

标识导向系统管理部门还要加强应急标识修复队伍的业务培训以提高其工作技能；建立用于突发标识事件应急管理工作机制日常运作和保障、信息化建设等所需经费，通过预算予以落实；根据相关应急预案准备备用标识，以及落实用于紧急制作临时导向标识的设计稿、载体、相关配件的储备工作，各主要类别的备用标识、临时性可写标识牌应按照一定比例储备，以备急需。

在标识的修复和重建期间，应保障标识导向工作的正常进行及使用者的安全和便利；完善紧急疏散管理办法和程序，确保在紧急情况下的公众安全和有序转移或疏散，并不断改进标识的技术装置和手段。

第六章　标识导向系统的未来发展方向

日本建筑大师丹下健三说："在现代文明的社会中，所谓空间，就是人们交往的场所。因此，随着交往的发展，空间也在不断地向更高级、有机化方向发展。"城市的发展和扩张必然会产生立体化和多层次的交通设施，城市的格局也会向复杂化和多元化发展。

城市是社会发展的产物，21世纪后人类完全进入信息化社会，随着信息科技的不断发展，人类的交流方式也在不断地顺应时代潮流发生着彻底的改变，各种信息化新技术也在城市的各个方面得以应用。标识导向系统与人类和城市休戚相关，它是人与城市顺利沟通的桥梁，是现代社会必不可少的一个方面。

未来的城市是在全球互联网覆盖下的高度信息化的环境，各种新兴的信息技术将不断地融入人们生活的各个方面，这样的时代必然也为标识导向系统的发展带来前所未有的机遇。标识导向系统在规划设计时可以考量各种新兴信息技术，将可以运用的技术进行整合和改进，在功能和方式等方面碰撞出新的火花，为标识导向系统未来的发展方向提供更多的可能性。

一、各种定位导向技术影响下的标识导向系统

随着各类新兴信息技术的发展以及城市环境的复杂化发展趋势，人们不再满足于标识导向系统的导向方式，尤其是在机场、车站、地下停车场、医院等立体和复杂化的环境中，人们对定位与导向的需求更加迫切。这一庞大的消费潜力，鼓励和刺激了定位和导航方面新技术的不断开发和应用，各类基于不同工作原理的定位和导航技术不断涌现。例如，全球定位系统（Global Positioning System）、WIFI定位技术、红外线室内定位技术、超声波定位技术、蓝牙定位技术等。其中全球定位系统和WIFI定位系统是现今普遍应用于定位和导向体系的两种技术，并且由于其技术本身在定位范围和准确系数以及成本上均存在较大优势，故而在定位和导向方面也具有更好的发展前景。

1．GPS（全球定位系统）的技术原理和运用

GPS是全球定位系统（Global Positioning System）的缩写形式，它是一种基于卫星的定位系统，用于获得地理位置信息以及准确的通用协调时间。GPS是20世纪70年代，美国出于军事方面的需要研发的基于卫星的导航定位系统，因此GPS产生的前期主要用于军事方面，其目的主要是为陆、海、空三大领域提供实时的、全天候和全球性的导航服务，并用于情报收集、核爆监测和应急通信等一些军事目的。后来，随着世界经济发展的需求，逐渐应用于民用领域。

GPS（全球定位系统）主要由三部分组成：

（1）太空卫星部分：由24颗绕极卫星组成，分六个轨道运行，每颗卫星持续发射载有卫星轨道数据及时间的无线电波，为地面上的所有接收器提供数据信息。

（2）地面管制部分：为了用于追踪及控制卫星运转，在地面上设置管制机构，主要功能是维护每颗卫星能够保持正常运转并为各项参数提供准确的数据。

（3）用户接收部分：主要由GPS接收机和卫星天线组成。用于追踪所有的GPS卫星，并迅速计算及提供接收设备所在位置的坐标、移动速度等信息（图6.1）。

随着全球经济的发展以及美国对GPS（全球定位系统）SA（Selective Availability）政策的取消，GPS（全球定位系统）在民用方面的信号精度在全球范围内得到改善，并且由于其具有高精度、全天候、全球覆盖、方便灵活等优势，作为一种先

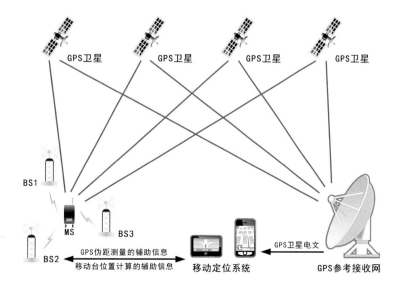

图6.1
GPS（全球定位系统）工作原理图示

进的测量手段和新的生产力，被广泛应用于交通、测绘等许多行业。近年来GPS技术已经发展成为多模式、多用途、多机型的国际性高新技术产业，并逐渐融入国民经济建设、国防建设和社会发展的各个应用领域。

GPS（全球定位系统）作为一种新兴的定位和导向技术，它的普及应用必然也会带来人们生活方式上的改变，这其中最为突出的方面就是对人与环境的交互关系的影响。现如今，人们可以轻易地从车载GPS导航系统以及个人移动通信设备中获得环境定位信息，并能够通过导航系统的指引准确、顺利地到达目的地点。

2．WIFI定位系统的技术原理和运用

GPS（全球定位系统）经过多年的发展，在民用方面的技术已经比较成熟，并衍生出具有不同功能应对不同环境的应用设备，例如在地理测绘、车载导航、轨迹跟踪等方面都开发出了相应的产品。近年来，作为新型的定位技术WIFI定位系统也逐渐走进人们的视线，得到更多的重视和运用。

WIFI定位这一概念是由美国人泰德·摩根（Ted Morgan）所提出的，数年前泰德·摩根发现其在波士顿的住所附近有多达700余个WIFI热点，这一发现给了他利用WIFI热点进行定位服务的灵感。于是他尝试定位并记录这些发射WIFI信号的热点位置，并使用带有无线网卡的信息终端接收上述信号，配合相关软件对位置数据进行三角运算测量，研发出能够提供精度高达20～40米的定位功能。此后，泰德·摩根在2003年成立了Skyhook Wireless公司，派出工作人员走遍美国40座主要城市的每条道路搜索WIFI热点，对各个WIFI热点具体位置进行登记，并为其设置唯一的标识，然后将搜索结果导入数据库绘制成地图。当一个运行Skyhook客户端软件系统的用户信号出现时，软件会自动扫描接入点，通过批量选择选择10～15个热点信号，并与参考数据库的信息进行比较从而计算出用户的位置信息。如果一个地区WIFI信号越多，那么WIFI定位系统在这个区域内提供的定位和导向信息将更加精确（图6.2）。

WIFI定位与GPS相比具有无地点限制和定位更为精确两方面的优点。GPS定位需要在室外才能接收到信号，而WIFI定位系统更适合在室内空间发挥定位导向作用，只要环境内有WIFI信号覆盖，并且用户设备能够接收到WIFI信号，那么即使在地下三层的停车场内，WIFI定位导向系统也能顺利地发挥作用。WIFI定位信号依赖于WIFI网络的部署情况，而在城

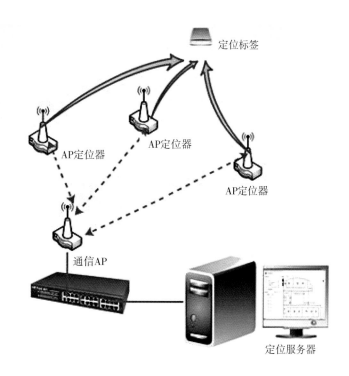

定位标签

AP定位器

AP定位器

AP定位器

通信AP

定位服务器

图6.2
WIFI定位系统工作原理图示

市地区WIFI信号比移动通信信号更加密集，因此WIFI定位更
加适合城市环境内的定位导向系统。此外，WIFI定位的定位
精度也比较高，精确定位可以达到2米左右的范围，所以WIFI
定位系统更为适合在室内环境或需要具体导向环节的环境内
进行推广。

3. GPS（全球定位系统）、WIFI定位系统与标识导向系统

　　GPS（全球定位系统）在民用方面的广泛运用以及WIFI网
络环境的普及给标识导向系统带来了机遇和挑战。GPS（全球
定位系统）、WIFI定位系统与标识导向系统都是帮助人们了解
和认识环境的交互系统，它们都具备为用户在一定环境范围内
定位和导向的功能。GPS（全球定位系统）和WIFI定位系统作
为与标识导向系统具备类似功能的技术，它们的出现必然会对
标识导向系统产生影响和挑战。但是GPS（全球定位系统）和
WIFI定位系统与标识导向系统除了在定位导向功能方面具有相
似性外，也在其他方面有着不同的特性和功能，因此它并不能
完全取代标识导向系统。

　　首先，GPS（全球定位系统）和WIFI定位系统与标识导向
系统所服务的环境范围有所区别。GPS（全球定位系统）在提
供道路导向信息和地理方位信息方面有着极大的优势；WIFI

定位系统的优势在于具有WIFI信号覆盖的城市环境，而标识导向系统的优势在于对导向信息精度要求更高的较小面积的环境和立体的室内环境或者不具备网络信号的城市环境。或者可以说，标识导向系统所提供的环境信息较GPS（全球定位系统）和WIFI定位系统更为细致和精准，服务范围更为广泛和普遍。

目前，在民用方面运用的GPS（全球定位系统）能够根据信息接收地区的信号强度不同，最低有效精度在10～15米左右，有时也会出现一定距离内的定位偏差。因此，在较小面积的环境中或者特定的室内环境，尤其是立体的室内环境中，GPS（全球定位系统）对环境的定位和导向功能是无法得到有效发挥的。WIFI定位导向的定位精度可以达到2米左右，但是它的使用前提是用户所在环境必须有WIFI热点信号覆盖，否则就无法发挥准确定位的功能。标识导向系统所标示的场所较GPS（全球定位系统）和WIFI定位系统的范围更小，场所名称和功能更为具体，这是标识导向系统的特性和功能所决定的。因此，标识导向系统提供的环境信息更为具体，导向信息更为准确。例如，GPS（全球定位系统）可以顺利地引导用户到达用户所预期的目的地建筑，而服务在建筑与人群中的标识导向系统则可以进一步引导用户到达建筑目的地中的房间（图6.3、图6.4）。

其次，GPS（全球定位系统）和WIFI定位系统都是在对象环境以外的独立的系统，它通过整个系统的运作，能够提供

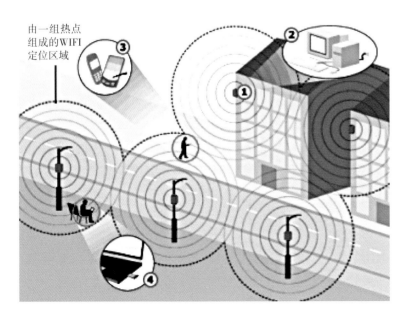

由一组热点组成的WIFI定位区域

图6.3
WIFI定位系统与标识导向系统

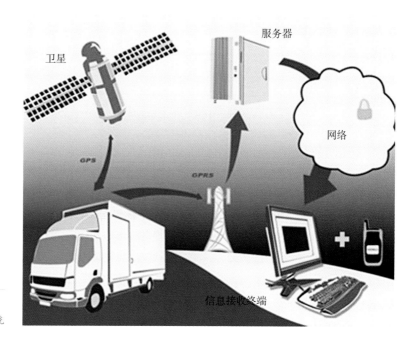

全球各种定位范围内的环境信息，因此它更多的是一个帮助用户了解环境的系统。使用GPS（全球定位系统）和WIFI定位系统的用户无须身处环境之中便能对环境的地理性信息有所了解。而标识导向系统是设置在特定环境之中的具有特定功能的视觉元素，它无法脱离其所服务的环境而独立存在，因此标识导向系统为特定环境范围内的人群提供环境信息方面的服务。

GPS（全球定位系统）和WIFI定位系统为用户提供的更多的是环境地理性的信息和方位导向方面的服务，而标识导向系统的优势在于它融入具体的特定环境之中，它不仅提供环境中的地理性信息和导向信息，还能够为身处其中的用户提供定位、识别和导向等方面的信息，帮助用户识别环境并了解环境。例如，标识导向系统中的识别型标识、说明型标识、公益标识、消防应急标识等方面，都能够为其中的人们提供GPS（全球定位系统）和WIFI定位系统所不具备的与环境相关信息。

此外，GPS（全球定位系统）和WIFI的定位系统是由其自身的工作原理所决定，它们是独立于环境之外的虚拟的系统，它为用户提供周围环境的地理性信息，但并不对环境产生任何影响。而标识导向系统是与环境相辅相成的，它与环境中的各类视觉元素一样是环境的一个组成部分。也就是说，标识导向系统除了满足提供环境信息和导向信息等功能外，它的载体还需要具备良好的视觉形象，并在设计风格方面能够完整地与周围环境融为一体，与环境中的各种视觉元素一起形成良好的视觉效果，并且能够辅助烘托环境所营造的氛围。

还有，标识导向系统设置于具体的特定环境之中，根据环境的特殊需要可以采用动态的或是静态的、视觉的、触觉的或是听觉的各种灵活的表现形式。而GPS（全球定位系统）和WIFI定位系统是独立的虚拟信息系统，它不具备具体的表现形式，但是根据用户的喜好可以选择不同的信号接收载体（图6.5、图6.6）。

将新型的信息技术与标识导向系统相结合，无疑是有利于城市标识导向系统创新的走向的。GPS（全球定位系统）和WIFI定位系统与标识导向系统在功能范畴方面有着很强的相似性，但是在表现形式和功能范围等方面又有所区别，各有优势。标识导向系统如果能与GPS（全球定位系统）及WIFI定位系统等定位导向技术进行功能整合，将定位导向方面的新兴技术的优势灵活地运用于其中，无疑将使标识导向系统的功能性更为强大。

标识导向系统与各种数据定位技术的结合有两种方式，一种是用户在使用时将数字定位系统与环境中的标识导向系统相结合，这种结合方式需要用户具备定位系统的数据信息接收设备，根据定位系统所提供的导向信息在信息接收设备上确定目的地及路线，在寻址的过程中用环境中的标识导向系统辅助确认环境信息和导向信息，这种方式能够帮助用户在环境中更有安全感，并对方向更有确定感。在标识导向系统不完善的区域或环境，GPS定位和WIFI定位等数据定位技术可以作为补充导向环节为用户进行导向服务，引导用户顺利到达目的地；而在数据定位信号无法接收或出现导向信息误差的情况下，环境中的标识导向系统对具体地点的标示和导向信息也能够顺利地向用户传达充足的环境信息，引导用户到达目的地点。标识导向

6.5 | 6.6

图6.5—图6.6
定位信号接收载体

系统与数据定位技术的另一种结合方式，是在特定环境中将标识导向系统上增加数据定位信号接收设备，用数据定位技术的定位功能和导向功能代替标识导向系统中的方位说明型标识和部分方向引导型标识，这种结合方式可以增加使用者与标识设备的互动，使环境信息更为直观地展现在用户面前，增加寻址过程的趣味性。

二、全息互动技术在标识导向系统中的运用

随着现代科学的发展，人类对新的显示技术的要求越来越高，全息技术作为一项新颖的显示技术在近几年逐渐引起人们关注。在一些展览会、新品发布会或奢侈品销售店中，人们偶尔能够看到运用全息技术作为展示平台的案例。

全息技术是实现真实的三维图像的记录和再现的技术，该图像被称作全息图。和其他三维"图像"不一样的是，全息图能够提供"视差"。"视差"的存在使观察者可以通过前后、左右和上下移动观察图像从不同角度的立体形象，创造出仿佛看到真实的立体物体的视觉效果。

全息技术是伦敦大学帝国理工学院的Dennis Gabor博士发明的。他也因此而获得了1971年的诺贝尔物理学奖。最初，Gabor博士只是希望提高扫描电子显微镜的解析度。20世纪60年代初期，密歇根大学的研究员Leith和Upatnieks制作出世界上第一组三维全息图像。这段时间，苏联的Yuri Dennisyuk也开始尝试制作可以用普通白光观看的全息图。现在，全息技术的持续发展为我们提供了越来越精确的三维图像。

全息技术是利用干涉和衍射原理记录并再现物体真实的三维图像的技术。第一步，利用干涉原理记录物体光波信息，即拍摄过程：被摄物体在激光辐照下形成漫射式的物光束；另一部分激光作为参考光束射到全息底片上，和物体光束叠加产生干涉，把物体光波上各点的位相和振幅转换成在空间上变化的强度，从而利用干涉条纹间的反差和间隔将物体光波的全部信息记录下来。记录着干涉条纹的底片经过显影、定影等处理程序后，便成为一张全息图，或称全息照片。第二步，利用衍射原理再现物体光波信息，这是成像过程：全息图犹如一个复杂的光栅，在相干激光照射下，一张线性记录的正弦型全息图的衍射光波一般可给出两个像，即原始像（又称初始像）和共轭像。再现的图像立体感强，具有真实的视觉效应。全息图的

每一部分都记录了物体上各点的光信息，故原则上它的每一部分都能再现原物的整个图像，通过多次曝光还可以在同一张底片上记录多个不同的图像，而且能互不干扰地分别显示出来（图6.7）。

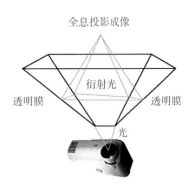

全息技术也称"全息摄影"。这里的"全息"即"全部信息"的意思，是一种可以把被摄物反射光波中的全部信息记录下来的新型照相技术。全息照相和常规照相不同，在底片上记录的不是三维物体的平面图像，而是光本身。常规照相只记录了反映被报物体表面光强的变化，即只记录了光的振幅，它不能记录物体反射光的位相信息，因而失去了立体感。全息照相则记录光波的全部信息，除振幅外还能够把被拍摄的三维物体的反射波振幅和位相等的全部信息都贮存在记录介质中。

全息摄影采用激光作为照明光源，并将光源发出的光分成两束，一束直接射向感光片，另一束经被摄物的反射后再射向感光片。两束光在感光片上叠加产生干涉，感光底片上各点的感光程度不仅随强度，也随两束光的位相关系而不同。所以全息摄影不仅记录了物体上的反光强度，也记录了位相信息。人眼直接去看这种感光的底片，只能看到一样的干涉条纹，但如果用激光去照射它，人眼透过底片就能看到原来被拍摄物体完全相同的三维立体像。全息摄影不仅能够记录栩栩如生的人物形象，还能记录原有深度和清晰度的物体影像。你从不同的角度观看，不但能看到景物的正面，还可以看到景物的背面和不同的侧面。更为奇妙的是，即使是一片很小的打碎的全息照片，也可以使我们看到所记录的整个景象。

虽然立体摄像早已起步，但全息技术的第二步——再现，则在2001年才取得突破。德国国家实验室首创研发了全息膜技术，使三维图像的再现成为可能。经过近十年的发展，全息膜技术已经从第一代的1英寸栅格状网眼hoe全息单元升级到了如今的第四代0.2毫米97%透光度Holo Pro全息膜。依靠这薄薄的透明膜，无论是T形台上的流光溢彩，还是舞台上的虚幻影像，都可实现。利用全息膜技术配合投影，再加以影像内容来展示三维立体画面的技术称为全息投影。

全息投影分为180°全息投影和360°全息投影和幻影成像，180°这样的全息投影适合单面展示，一般应用在三维成像面积较大的舞台或全息投影成像面积较大的场合，并且可以实现人与画面的互动；360°全息投影又称360°幻

影成像，它将三维画面悬浮在实景的半空中成像，营造了亦幻亦真的氛围，效果奇特，具有强烈的纵深感，真假难辨。形成的空中幻象中间可结合实物，实现影像与实物的结合，也可配合触摸屏实现与观众的互动。360°全息投影可以根据要求做成四面窗口，每面最大2～4米。还可做成全息幻影舞台，进行产品立体360°的演示；或者创造真实的人和虚幻的人同台表演的效果；已经应用在科技馆的梦幻展台等。这一技术适合表现细节或内部结构较为丰富的个体物品，或者展示单件的贵重物品，也可表现人物、卡通等，给观众的感觉是完全立体的并且四面都可以看到的三维影像（图6.8、图6.9）。

随着现代科学的发展，人类对新的显示技术要求越来越高。全息投影以其独特而鲜明的展示方式，呈现出立体感突出的三维影像，给人一种虚拟与现实并存的双重世界感觉。近几年，全息投影技术逐渐应用于产品发布会、展览展示会、科技产品旗舰店等场所，以全新的视角聚拢了人们的眼球，无疑，未来全息投影的市场发展潜力将是巨大的。可以预见，未来社会这一技术必然会普及到环境中与现实相关的各个方面。标识导向系统是环境中与人们的视觉休戚相关的一个环节，人们对新颖显示技术的需求也会需要标识导向系统运用新型技术进行优化升级。全息投影显示技术为标识导向系统显示方式的革新

6.7 | 6.8
| 6.9

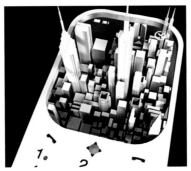

6.10 | 6.11
6.12

提供了技术支持（图6.10、图6.11）。

由于标识导向系统具有很强的功能性，因此其在融入环境氛围的同时还应该能够迅速地吸引人们的视线，并准确地传达给人们需要的环境信息。如果能将全息投影技术运用于标识导向系统的载体中，既可以增加环境的装饰性，还能提升环境的高科技感，它的全方位、立体显示特性和互动功能还可以吸引人们的注意力，带给人们真实与新奇的互动感受（图6.12）。

此外，全息投影技术除了在环境的标识导向系统载体上运用，还可以运用在用户自己的定位信息终端上。例如，在手机接收的定位地图上运用这一技术显示三维的环境模型，再现用户周围环境的立体三维形象，帮助用户更加直观地了解环境以及在环境中的定位信息。

图6.10—图6.11
全息投影成像技术在定位系统的运用
图6.12
全息投影成像技术的使用

三、"U-city"浪潮对标识导向系统的影响

"U-city"是近几年比较新潮的一个有关城市信息化的概念，全称是"Ubiquitous-city"。"city"是英文"城市"；"Ubiquitous"一词来自拉丁语，意思是"普遍存在，无所不在"，它有超越诸如水和空气这样的时空环境，无论任何时候和任何地点都存在的含义。它在"Ubiquitous-city"概念中的意思是指随时随地能够通过无所不在的互联网链接，随时随地地通过各种设备获取自己需要的各方面的有关城市的信息，从而建立一个网络资讯和网络信号普遍覆盖的高度信息化的城市环境。

"Ubiquitous-city"的概念最早由日本的村上先生在20世纪90年代末提出，当时只是对未来城市发展方向的概念化畅想。近几年，互联网信息技术飞速发展并继续普及，更多数字化多媒体新技术不断的涌现，城市信息化的程度大幅提高，为实现"Ubiquitous-city"的可能性提供了更多的技术支撑。日、韩、美等国家已经开始筹划和实施这一项目，其中韩国更是将这一概念提升为国家发展计划，在2004年提出"U-Korea"发展战略，主张把韩国的所有资源数字化、网络化、可视化、智能化，以此促进韩国经济发展和社会变革，使韩国提前进入智能社会。

"Ubiquitous-city"的工作原理是将IT基建、技术和服务应用于住宅、交通、基础设施等诸多城市构成要素中，从而构筑智能化、未来型的尖端城市，也就是我们所说的"U-city"。上文中提到网络和移动技术的发展是创建"U-city"的前提，具体地说，"U-city"的运行主要包括网络、设备和服务三个方面。网络环境包括互联网、移动网络、电话网、电视网和各种无线网络等；设备更是多种多样，包括电脑、手机、汽车、家电等，能够通过任意网络访问互联网资源的设备；服务内容包括计算、管理、控制、资源浏览等（图6.13）。

"Ubiquitous-city"概念的实现将会改变人们以往的生活方式，给人们的城市生活带来质的飞跃。"U-city"这种新型城市发展模式用无所不在的互联网信息技术把城市环境与市民紧紧地联系起来，通过"U-city"体系市民与市民之间可以随时随地的联系，市民与城市环境可以随时随地的沟通。完善的"U-city"体系可以向市民实时地提供城市设施管理、城市安全、城市环境、城市交通、城市生活等方面的相关信息。

在城市设施管理方面，市政管理人员可以通过无线传感网

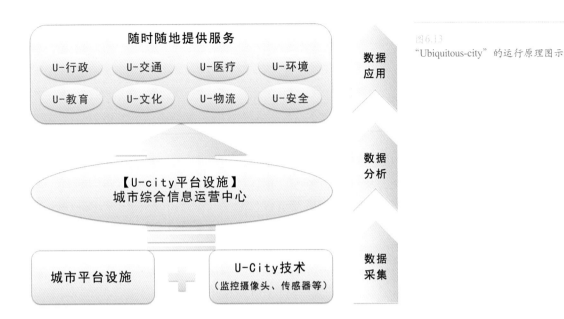

图6.13
"Ubiquitous-city" 的运行原理图示

络随时随地掌握道路、停车场、地下管网等设施的运行状态。当检测到公共设施有异常情况时，相关的管理人员能够及时接到系统报警，从而迅速确定不能正常工作的公共设施的位置并及时修复其功能。

在城市安全方面，"U-city"中的城市安全系统会在城市中设置很多红外摄像机和无线传感器，并通过网络传输数据信息监测城市环境每个区域的安全。当某一环境发生事故时，"U-city"中的城市安全系统能够迅速定位事故或灾情地点，并迅速做出应对相应事故的处理措施。2009年初，韩国首尔市在"U-city"体系的城市安全系统中还推出了儿童安全计划。参加这一计划的家长会在儿童衣服或随身背包中放置电子识别设备，这些电子识别设备的信息已经提前在"U-city"系统中设置备份并监测其活动方位信息，家长通过"U-city"系统随时掌握孩子的行踪，并划定活动范围，如果孩子的活动范围离开了指定区域，家长会立刻接到警示信息并及时报警。有的韩国城市还在街头安装智能视频监控系统，该系统可以进行人脸识别，当探头发现走失儿童时，就可以向警察发出报警信息。

城市环境方面，在"U-city"中人们可以随时通过手机、电脑或公共场所中任何可以访问互联网的设备查看城市各类实时信息，如天气状况、环境温度、空气质量等方面，不仅如此，"U-city"体系还能为用户提供专属的提醒服务，例如为有户外运动习惯的市民发送是否适宜户外运动的提示；为有呼吸系统疾病的病人及时提供空气质量监测，并在适当的时候发出警示信息等。城市环境管理部门通过对"U-city"体系的设置，还可以使其对环境状况做出相应自动处理措施。例如，当城市空气中的可吸入颗粒物浓度超过设定标准时，"U-city"系统将会自动开启道路洒水系统，从而减少可吸入颗粒物并降低城市的热岛效应。

城市交通方面，"U-city"中的交通信息系统是智能交通系统的高级阶段。"U-city"交通系统一般包括公交信息系统、公共停车信息系统、残疾人支持系统、智能交通信号控制系统、集成控制中心，并与"U-city"体系中分管城市管理、城市安全、城市环境、城市服务等方面的分系统互联互通。在"U-city"中所有的公共交通工具都装有GPS定位系统，系统可以实时掌控公共交通的定位，将公交车位置和距离信息发送到"U-city"体系中的交通信息系统，并在公交车站电子显示屏上显示，这样市民就可以通过自己的上网设备或公共网络信息终端获知各个公共交通工具的预计到达时间。此外，市民还可以通过"U-city"的交通系统得到最佳路线建议和实时导航服务，并且可以根据需要随时预订出租车、机票等服务。"U-city"中的交通信息系统还可以为特殊人群设置特殊的交通服务，例如在老人、残疾人、儿童等需要特殊交通服务的人群身上按需求分类设置特定的信号发射装置，并在交通路口和斑马线处设置传感器，当传感器感知到特定信号时，"U-city"的交通系统可以适当延长红灯时间，保证老人、残疾人或小孩等行进速度相对较慢的人群能够顺利安全地通过路口。

"U-city"体系不仅是一个向市民提供城市环境信息的系统，它也是城市各方面信息的共享和发布平台，能够帮助城市与生活在其中的市民顺利地沟通和互动。市民通过这一体系在互联网上获取各种环境相关信息的同时，还可以将需求上传到"U-city"市民互动平台中，例如某地点出现突发状况需要救援的请求，或者医院需要募集献血者的需求，公共设施的损坏信息等都可以通过"U-city"告知市民和市政管理人员（图6.14）。

依据"U-city"概念所建设的城市是高度信息化和集成化的环境，"U-city"体系将会给人们带来生活环境方方面面的改变，也必然会改变人们现有的生活方式。当然，这种改变能够让城市生活更加的便捷和有序，并且能够提高人们的城市生活质量。标识导向系统作为城市生活中必不可少的一个环节也需要与时俱进，顺应科技发展的潮流，寻找与"U-city"系统合理的结合方式并对"硬件"和"软件"进行升级和改进，使其形态和功能均能顺利地融入信息化社会的城市。

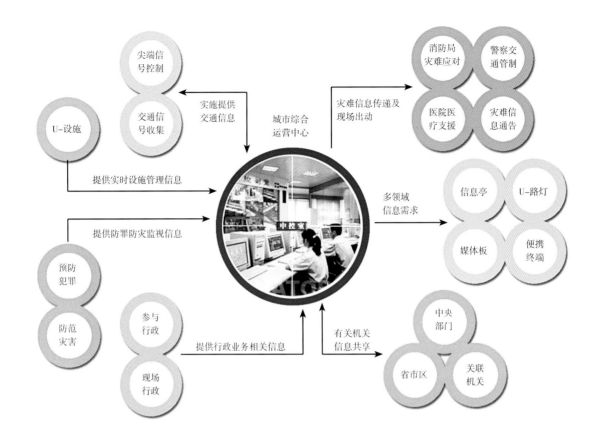

图6.14
"Ubiquitous-city"的服务涵盖范围示意图

　　"U-city"概念推广基础是网络和移动技术的普及运用，这种趋势为标识导向系统的改进和发展带来很多的可能性。在"U-city"里，人们随时随地都能使用接收和查看城市相关信息的信息终端设备，甚至可能每个市民都会随身携带便携式的信息终端。"U-city"中的导向系统也应该顺应科技和社会发展的潮流，对其载体和固件进行升级和改进，以便更好地发挥功能，方便人们的城市生活。例如，为标识导向系统的载体增加信息交互功能，使其能够与使用人群的信息终端进行数据连接，用户可以随时下载所处区域的环境信息和方位信息，并通过接收到的区域导航信号，顺利地到达目的地点；或者，还可以为不同用户提供相应导向服务的功能，例如，当标识导向系统识别到环境信息接收的终端用户是老年人、残疾人或儿童等行动能力相对较弱的对象时，会优先提供无障碍道路或无障碍电梯的导向信息，帮助他们便捷顺利地在环境中活动。

　　标识导向系统传达环境信息的方式和内容，也就是标识导向系统的"软件"部分在"U-city"环境中也需要满足信息化社会中人们的需要，做出相应的升级。"U-city"所提供的是一种与现代社会极大不同的生活方式，在那样信息化高度普及的时代，以往标识导向系统所提供的平面视觉化的单一表现方式已经不能满足人们的需求。"U-city"中标识导向系统的内容和表现方式应该更加多样化、趣味化，并具有更强的交互性。它不但通过视觉传达的方式传递环境信息，还可以具备听觉和触觉等传达方式。例如，当用户的信息接收端与环境中的标识导向系统进行连接，并设置预期目的地时，用户的信息接收设备能够与环境中的每个标识载体进行数据信息的传递，从而得出用户的定位，然后将下一步的方向和地点名称等信息反馈到用户的终端设备，并转化成语音信号向用户提供导向信息，这样用户不仅可以通过视觉感知，还能通过听觉获得环境信息。"U-city"中标识导向系统的表现方式也可以进行创新和突破，例如采用电子显示屏的传递方式或具备交互功能的全息触摸屏的方式等，这样不仅能够提升环境的科技感和现代感，还可以为环境中的人们提供更方便、更全面、更愉悦的使用体验。

"U-city"旨在为人们提供快捷的交通、舒适的居所、安定的生活环境、稳定的设施管理，以及便捷的保健福利等，可以全面提升人们的生活质量。目前，这一理念仅局限于个别城市中的推广和实施，而且由于国家和地区的差异，每个城市的发展进程也参差不齐，但是它指引着未来城市发展的方向，标识导向系统作为城市环境中必不可少的重要组成元素，也需要适时的调整和革新，以满足城市的发展和人们生活方式改变所带来的更多需求。

四、结语

将现今的科技力量与城市导向系统相结合，是城市导向系统设计创新的走向。标识导向系统应当以开放式的姿态、积极地运用能够完善自身功能的新技术，走向科技信息化、智能化、可视化、网络化的新阶段，用以代替或相融于传统意义上的设计和表现方式。这不仅能开发出可视、可听、可动的，并且还是具有虚拟现实功能的多媒体的标识导向系统，用各种新功能为各种人群在环境中提供相应的标识和导向服务，更好地满足人们在信息化社会的城市中的生活需求。

附　录

附录一　2005日本爱知世博会标识导向系统

2005年日本爱知世博会是一次非常成功的国际博览会，在这次博览会中，经过精心规划和设计的标识导向系统广泛获得了专业人士和普通参观者的普遍好评。爱知世博会"自然的睿智"的主题也在标识、街具等附属设施中被表现出来。

负责爱知世博会标识制作的GK公司的设计师田中一雄先生说："这次的特征首先是不能有损于环境和景观。"在标识导向系统设计和制作的时候也始终将这一原则贯彻始终，充分考虑对太阳能、风力等自然能源的利用，并将3R原则运用于标识导向系统载体的结构设计和材料选择中。

对于爱知世博会标识导向系统的色彩选择，田中先生选择的是作为主办国的"日本的颜色"。设定了从记号性考虑的六个阶段的色彩序号，最为重要的第一记号色作为共同性的颜色，设定为爱知世博会的象征颜色——深绿色；第二记号色设定为象征朝阳、蓝天、夕阳的变化的大门的色彩；从第三个阶段的颜色开始定位演出的色彩，以提高会场的热闹效果。通过这六个阶段的色彩来实现标识导向系统设施的通俗易懂性与丰富的视觉效果。

爱知世博会的标识导向系统不仅在园区内设置，还考虑到园区外部的人们对环境信息的需求，在园区附近公共道路、园区外停车场及火车站与园区的链接班车上下乘客点都设置了足够的标识导向系统，更为准确和快捷地引导参观者到达园区。

所谓3R原则就是指抑制废弃物的产生（reduce）、再生利用（reuse）、回收再生资源（recycle），运用

1	自由组合	变化	放置	浮动
2	自然的力	附加	进入	假设
		太阳光	风力	汽化热
3	生态	有机材料	再利用	再生材
		分别回收	再使用	必要最小限
4	IT的运用	可变信息	WEB信息（网络）	个别对应

2005年日本国際博覧会
The 2005 World Exposition, AICHI, Japan

记号色1 （标识功能色）		标识功能要素全会场的标识
记号色2 （大门显示色）		大门显示要素 ●标语旗 ●旗子
演出色 （会场内显示色）		各公共环境表现要素 ●标语旗 ●旗子
基调色	展示馆、大门设施、营业设施	建筑物
背景色	植物、地面、水面	自然
隐蔽色	管理用施设、垃圾回收车、维护服务	管理要素

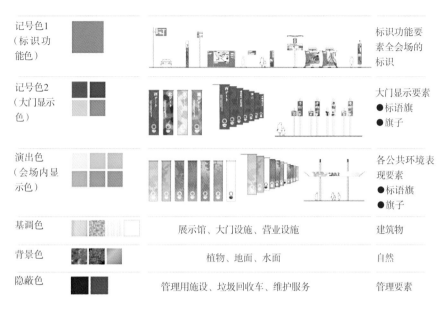

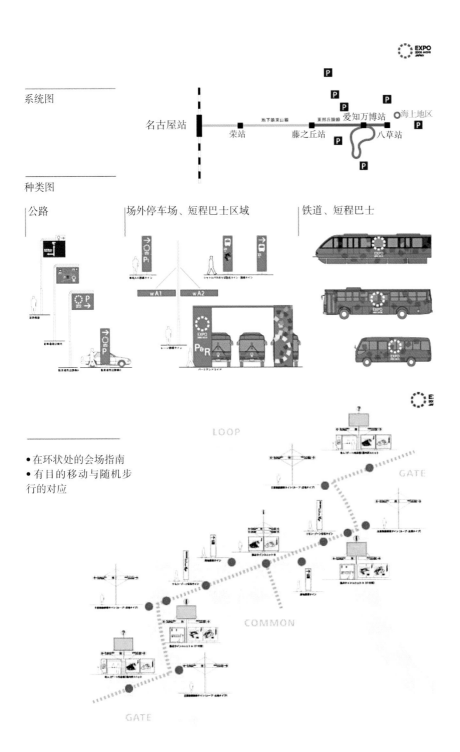

系统图

名古屋站　荣站　　藤之丘站　爱知万博站　海上地区

八草站

种类图

公路　　场外停车场、短程巴士区域　　铁道、短程巴士

• 在环状处的会场指南
• 有目的移动与随机步行的对应

3R原则的设计也称为代谢（metabolic）设计。代谢设计是基于生物学的新陈代谢的、具有自在的可变性设计的意思，即生物一样的设计。设计作品能够自由的分解和组装，并且能够做成各种形状、自由设计和利用。爱知世博会中的标识导向系统使用的载体及所有的公共街具在展览期间结束后都可以被回收、拆解并再次利用，充分体现了对自然环境的重视。

停车场标识

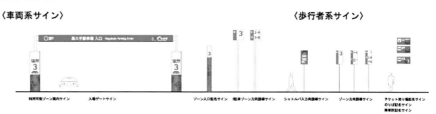

终点目标标识

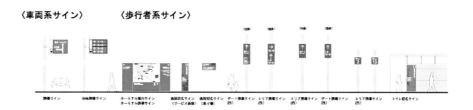

大门标识

园区内标识

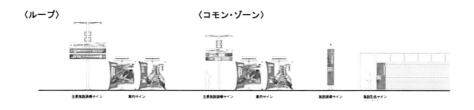

对于标识导向系统的载体结构，田中先生说："作为标识本身的造型，我是从弓、暖帘（日本地区写有商号名称并挂在商店门上的窄布帘）等日本式的物品里得到启发的。原材料使用生物分解性树脂、多层胶合竹材；电源采用太阳能发电，光源采用的是LED。配置在会场各处的标识无论在功能方面还是在景观视觉效果方面都发挥了重要的作用。

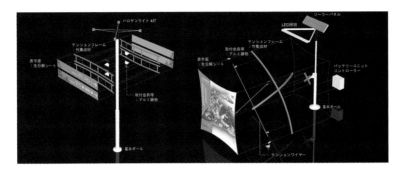

运用弓的形态，用竹材做的支撑条。

大门标识

1：ループ（空中歩廊）のイメージを表現するリングサイン
2：ループ上で各コモン（外国館ブロック）のゲートを表現
3：各コモンのシンボルカラーにより、イメージを顕在化

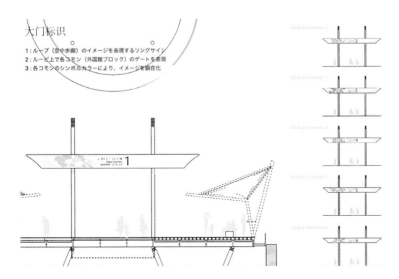

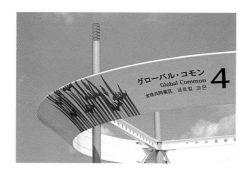

指南标识

1：空間の関係性を表現する全体マップとエリアマップ
2：複雑な会場を 3D(CG) により表現
3：日本的イメージを創る布と竹のデザイン

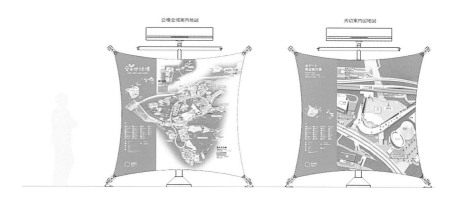

指引标识

1：重要度に応じて３種類の大きさのサインを設定
2：催事情報と組み合わせた情報提供
3：伸針張りのイメージの表示面

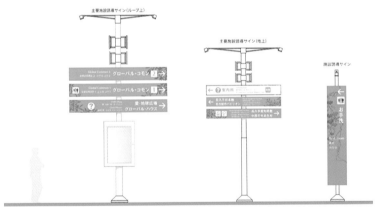

IT标识

1：様々なリアルタイム情報を提供するITサイン
2：場所に応じた混雑情報の提供
3：来場者行動を平準化するサービス情報

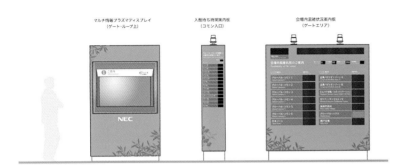

展览馆拥挤状况信息

首制室外多媒体信息等离子显示屏

附录二　中国2010年上海世博会标识系统总体框架设计项目

中国2010年上海世博会于2010年5月1日到10月31日在上海举行。中国2010年上海世博会标识系统（以下简称"世博标识系统"）专项设计，是上海世博会运营管理和园区建设的基本组成内容，也是保证上海世博会安全、便捷、和谐进行的重要任务。

世博标识系统是上海世博会园区建设的组成部分，也是上海城市公共信息系统的组成部分，它不仅是功能性、系统性、科学性和审美要求的统一体，更需要在满足信息传达等基本功能的基础上，充分体现"城市，让生活更美好"的主题，为建设未来有序、和谐的城市生活发挥借鉴和指导作用。

中国2010年上海世博会标识系统的规划设计项目的主要任务是以参观者为主要目标对象，以世博园区为重点范围，进行世博会参观者需求分析，提出设计总体原则和设计内容分类需求，提供各类主要标识的分布说明、数量预估和基本形式，对项目管理提出初步设想，并提供参考案例。

一、设计原则

（一）标识设计分级原则

1. 标识设计分级的基本方法

为避免将过多信息集中在同一时间、同一地点传递，导致信息接受者无法有效理解信息，应遵循设计分级原则。标识设计前期，需要研究信息内容，根据信息传递的时间、顺序和影响力的差异，分级设计。

2. 世博标识系统设计分为三级

一级节点标识系统主要提供大型展馆、公共活动建筑及公共设施的导向信息，重要道路、园区出入口的导向信息，设置在人群聚集的出入口广场、大型广场、主要道路交岔口等处。因一级节点标识信息量大，应高大醒目，为尽可能多的参观者服务。

二级节点标识主要提供中型展馆及公共配套设施的导向信息，各展区展馆分布、商业服务设施分布、人流密集状态等信息，主要设置在次干道路口和公共绿地、各展区广场上，为参观者提供详细的区

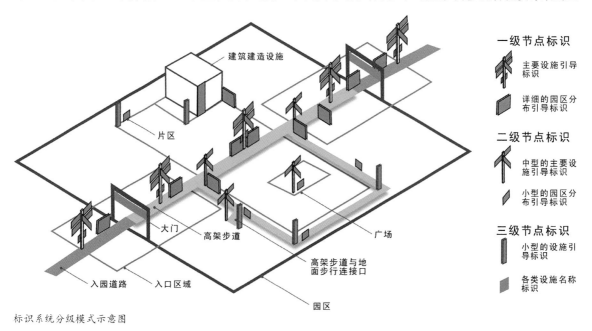

标识系统分级模式示意图

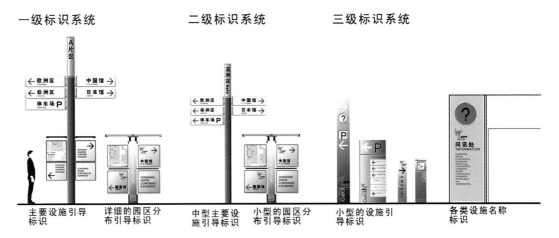

一级标识系统 二级标识系统 三级标识系统

标识系统分级示意图

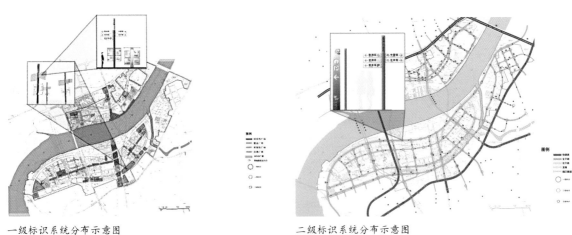

一级标识系统分布示意图

二级标识系统分布示意图

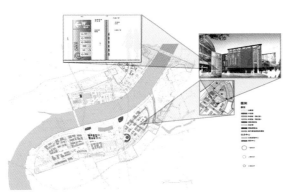

三级标识系统分布示意图

参考图例：防止儿童走失的辅助导向系统

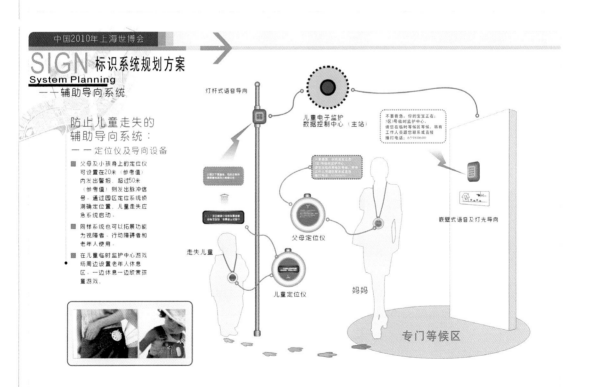

中国2010年上海世博会

SIGN 标识系统规划方案
System Planning
——辅助导向系统

防止儿童走失的辅助导向系统模型：

- 总控室通过定位天线确认佩戴监护仪的走失儿童及其父母的准确位置，将信息反馈给最近的临时监护站，并通过地面卡通符号和路边语音灯光信号导向系统将走散的儿童及其父母引导到特定等待区，然后由园区工作人员带领儿童到临时监护站，同时在仪器上通知父母认领儿童的准确地点。
- 临时等待区与临时监护中心之间可采用"爱心"电动车往返。

定位天线
大型儿童临时监护中心兼游戏中心
儿童电子监护数据控制中心（主站）
监测信号中继站
临时等待区
监测信号中继站
小型儿童临时监护中心兼游戏中心
临时等待区
监测信号中继站
定位天线
小型儿童临时监护中心兼游戏中心
妈妈
儿童

监测信号线路
负责将监测信息传输到控制中心

反馈信号线路
负责将监测信息传输到临时监护中心

导引信号
地面卡通信号
（临时监护中心形象符号）
感应式语音及灯光符号

中国2010年上海世博会

SIGN 标识系统规划方案
System Planning
——辅助导向系统

防止儿童走失的辅助导向系统：
—— 定位仪及导向设备

- 父母及小孩身上的定位仪可设置在20米（参考值）内发出警报，超过50米（参考值）则发出脉冲信号，通过园区定位系统侦测确定位置，儿童走失应急系统启动。
- 同样系统也可以拓展功能为视障者、行动障碍者和老年人使用。
- 在儿童临时监护中心游戏场周边设置老年人休息区，一边休息一边欣赏孩童游戏。

灯杆式语音导向
儿童电子监护数据控制中心（主站）
父母定位仪
走失儿童
儿童定位仪
妈妈
嵌壁式语音及灯光导向
专门等候区

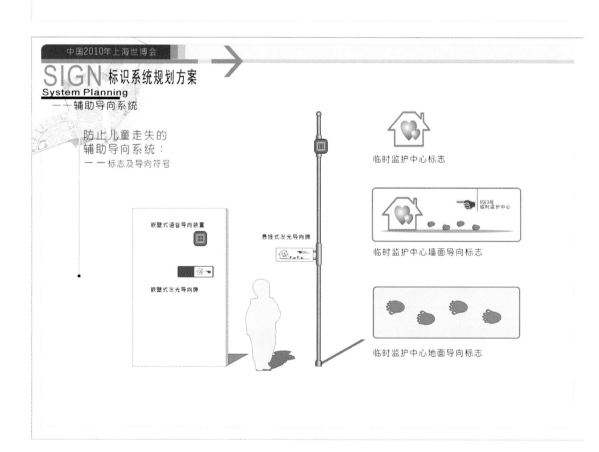

视角与位置关系示意图

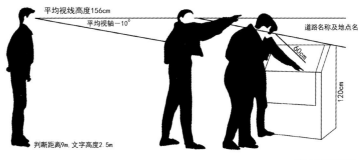

平均视线高度156cm
平均视轴—10°
道路名称及地点名
60cm
120cm
判断距离9m，文字高度2.5m

视角与位置关系示意

域性信息导向服务。

三级节点标识主要提供小型公共配套设施的导向信息及具体展馆、公共配套设施的名称识别，还包括世博运营管理机构的相关信息，为参观者提供明确的方位导向。

标识设计分级原则体现了参观者信息认知的需求，不同层级的标识设计应在形态、色彩、字体和图形符号运用上体现系统性和差异化。不同层级的标识色彩运用，应注意主色与辅色的关系，标识主色不能与环境色相同。

因世博会参观者来自海内外各个国家，应尽量使用国际标准的图形符号，园区内图形符号体系应具有整体性，同一图形符号应具有唯一性。

标识的体量大小，根据层级不同按照以下标准：一级节点标识，在40～50米距离之内可辨认，高度为3～4米；二级节点标识，在20～40米距离之内可辨认，高度为2～3米；三级节点标识，在20米距离之内可辨认，高度为1.5～2米。

（二）针对特殊人群的无障碍设计原则

世博会参观者中，儿童、老人、残障人士等特殊人群在认知能力和行为方式上与普通参观者相比有所差异，应针对其行为特征设计设置必要的特殊标识，保证无障碍通行。

儿童对于常规的标识系统，在标识的文字、标准图形等识别能力方面存在一定差异，设计人员在标识的高度、材质方面应有特别的关注。

由于儿童、老人会出现脱离家人或迷失方向的状况，应设置必要的引导标识，或安排志愿者，帮助迷失儿童、老人通过帮助中心联络到家人。

参观者中的弱视者和盲人，除了提供志愿者服务之余，在某些区域（如电梯）应提供盲文导向标识，提供盲文导游地图或在重要区域设置必要的盲文区域地图。

此外，标识设计应该适度考虑不同民族和宗教的特点和禁忌。

（三）可操作性原则

1．安全、便利、易操作

标识设计的可操作性原则应该体现在使用、制作的可操作性及安装的可操作性。在标识设计上，应严格实行功能优先的原则，并注意考虑人体工学原理，反复进行数据分析，在安装前，应该进行安全实验测试、视觉效能测试，以保证标识系统的安全、易识、可操作性。

2．可制作、易加工、可复制性

在标识设计中应该注意导向标识牌的可制作性，在不影响美观的情况下，尽可能将标识载体的结构设计得简单一些，注意低成本、易加工、可复制。对一些多媒体设施应该特别注意其使用操作的简易。

3．体现最新科技成果

世博标识的材质选择、载体形式、结构方式，参照爱知世博会的经验，应能体现最新的科技成果。尤其是信息传递手段、电子信息终端等方面，应充分运用互动传输、全息技术等体现最新科技水平的成果。

（四）美学原则

1．功能优先原则

形式追随功能，设计的注意力要在标识的功能性上反复探索，以保证标识系统的完善、科学和有效。

2．和谐原则

设计应与整体环境原则相符，标识的造型、材料、色彩、结构，与环境、道路、建筑、景观有保持"和谐"。

3．整体视觉设计原则

标识的所有视觉元素，包括文字、图标、色彩，应从整体的效果出发，信息层级清晰，版面疏密合适。

4．载体的结构美学原则

载体是标识的依托，是不可分割的，设计时要重视结构美学，可借鉴国内外优秀的设计样式。

（五）环保与节能原则

1．节能原则

使用低耗能的照明能源，充分使用太阳能等新型能源。

2．环保原则

使用材料不能导致环境污染、光污染，或产生有害于人体健康的气体。

（六）设计与使用的机动原则

1．可替换原则

标识设计要考虑内容的变更、能够对标识的内容进行替换性修复，部分替换或整体性替换。

2．可修复原则

部分标识可以进行简单修复，避免造成材料的浪费。

3．可移动原则

部分标识为临时性使用，应考虑可移动性。

（七）命名规范原则

世博会的所有标识都使用规范的语言、名称和图形符号，所有展馆、道路、广场、景观、服务机构、出入口等场所名称都由世博局统一命名，所有标识使用名称规范、统一。

1．建筑、广场、道路、景观等的命名原则

所有世博园区的场所名称以及标识中对这些名称的使用，应以场所名称手册为准，对各名称的英文、日文、韩文翻译，也应该有标准的翻译手册。

2．图形标识标准

建立世博园区内统一的图形标识标准手册，凡使用图形标识之处，一律按手册使用。

3. 语言设置排列顺序

世博标识的文字，原则上使用中文、英文两种语言，排列顺序依次为：中文、英文。必要时使用四种语言，排列顺序依次为：中文、英文、日文、韩文，示例如下：

中国馆	中文
CHINESE PAVILION	英文
中国パビリオン	日文
중국 강당	韩文

对部分有特殊语言需求的设施，可进行特别设计，如对清真餐厅及民族性设施的表示，应增加阿拉伯语和清真标识，并且要明显突出，且不宜与其他食品标识同列。

（八）标识色彩设置原则

色彩区分设置是标识分类的基本方法，标识色彩分类的总体原则如下：

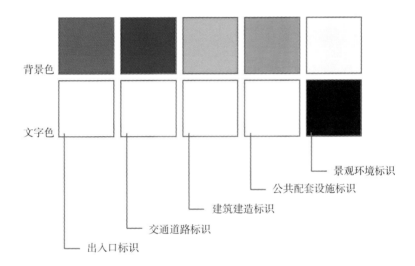

与世博会关系密切的标识类别，尽量采用绿色，以符合世博的整体形象。

属于公共信息的标识，尽量采用国际通行或人们已经熟悉的色彩系统，如道路交通标识以蓝白色为准。

选用色彩时，应尽量考虑整体协调性，做到既相互和谐，又体现丰富多彩的特点，并需要与环境色彩相区分与协调。

每一类标识色系，包括主色和辅助色，其色彩运用，在主色调统一的基础上，根据不同细类，可以有不同的设计形式和表现方法。本色彩原则为初步规定，施可根据运营管理和园区建设的实际情况再行调整。

园区内世博标识主要类别主色调规定如下：

（九）夜间照明系统设计原则

对于参观者，世博会开放时间将会延续到夜晚；并且整个夜晚，运营管理者对标识也产生很大需求。标识的夜间照明系统，需要在规划设计阶段进行系统考虑。

标识的夜间照明，应充分借用园区夜间照明系统的各类装置，并应专门设计和设置便于标识辨认阅读的照明设施。

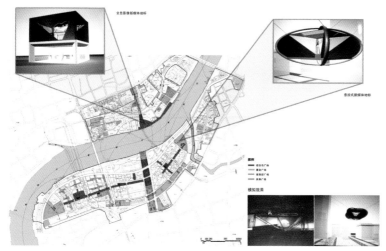

广场分布图--新媒体全息技术虚拟标识示意图

标识的夜间照明时间，应从18：00-次日6：00为止。

标识的夜间照明用电形式，应与园区照明系统的用电形式统一，以有效、安全、节能为原则。

（十）新媒体标识设计原则

1．新媒体标识的定义

新媒体标识是利用虚拟现实技术等新型数字技术、网络技术，通过互联网、宽带局域网、无线通信网、卫星等渠道，在公共环境中提供导向信息和定位服务，帮助参观者在世博园区内找到他们需要路线的虚拟引导与路标系统。

新媒体标识适宜设置在重要道路节点及人群聚集的广场，动态吸引人群注意力，扩大信息的传播范围。

世博会体现人类文明发展的最新成果，2010年之前，可用于标识系统的新媒体形式将会不断出现，应适当运用最新技术成果，以体现上海世博会的"成功、精彩、难忘"。

2．新媒体标识的设计原则

（1）与世博会整体形象系统的统一。

（2）与世博会整体形象设计原则相符。建立人流、车流导向系统，既有独立，又有补充与互相联系，共同构建世博会公共信息标识导向系统。

（3）新媒体标识的内容遵循以人为本，为人服务的原则。

（4）新媒体标识的布局设计要合理，与周围环境相适应。

（5）新媒体标识的形式、尺寸、色彩、内容、位置安排等要从人机工程学的角度详尽表述，并参照国家的标准。

3．新媒体标识应用原则

（1）新媒体标识的可替换原则

能根据不同环境和园区情况，对新媒体标识提供的信息进行调整。

（2）新媒体标识的可修复原则

形式简洁、容易修复，出故障后能在短时间内进行修复，或有其他简便的方式替代。

（3）新媒体标识的可移动原则

便于移动和拆卸，可以根据具体情况，在合适的地方设置新媒体标识。

二、建设期间的临时标识设计与设置原则

由各个需设立临时标识的部门向运营部标识的管理者提出书面的临时标识设置的申请，由管理部门根据申请部门的要求，请专业的设计机构完成设计，并统一安置。

申请者需写明使用临时标识的时间范围和地点，待使用期满，由管理部门拆除。

三、制作安装的原则

应根据具体标识种类分别进行制作安装。

制作安装方式要与周围环境相适应，避免对自然环境或周围景观产生影响，更不能造成破坏。

制作安装过程中不能对标识的造型或功能造成破坏。

四、日常管理维护的原则

定时进行日常维护，确保标识系统的正常运行。

针对不同类型的标识系统，安排专人进行维护。

设置提醒装置，以便及时对破损的标识进行维修。

五、园区标识设计内容分类需求

世博园区标识的设置，以满足参观者需求为主要目的，其中由园区运营管理部门负责的，重点包括出入口标识、园区建筑建造标识、园区道路交通标识、园区公共配套设施标识等。其他如市政设施标识、历史建筑和保留建筑标识，则由市政府相关职能部门对口负责。

（一）围栏区内

1．出入口标识

设计范围：陆上出入口8个、水上出入口3个。陆上出入口为园区4主4辅8个人行入口：浦东为上南路、高科西路、后滩3个主入口和长清路、白莲泾2个副入口；浦西为西藏南路主入口和鲁班路、半淞园路2个副入口。

设计内容：

（1）出入口

    1）出入口名称

    2）出入口导向

    3）出入口集散广场平面图

    4）开园时间和闭园时间标识

    5）候检票排队标识

    6）交通枢纽导向

    7）停车场导向

（2）售票处

    1）售票处名称

    2）售票处导向

    3）售票排队标识

4）票务信息

（3）安检处

    1）安检处名称

    2）安检须知

2. 园区建筑建造标识

此类标识涉及的园区建筑建造，包括主题馆、中国馆、外国国家馆、国际组织馆、企业馆、城市最佳实践区等展馆建筑，以及世博轴、世博中心、演艺中心、浦西活动中心等公共活动建筑（设施）。

展馆建筑和公共活动建筑外部的标识，除建筑体上建筑名称标识以外，均由上海世博会运营管理部门统一设置。

展馆建筑和公共活动建筑内部的标识，应由展馆布展方、公共活动建筑运营方进行设置，但须遵循世博标识设计、制作和安装的基本原则。

设计内容：

（1）展馆建筑标识

    1）展馆外部标识：展馆名称、展馆区域地图、展馆方向指示、展馆介绍

    2）展馆内部标识：出入口、展馆布局图、摄影禁令、服务设施、功能设施、市政设施

（2）公共活动建筑（设施）标识

    1）公共活动建筑外部标识：建筑名称、分布图、活动信息、公告

    2）公共活动建筑内部标识：区域分布图、活动信息、服务设施、功能设施、市政设施

3. 园区交通道路标识

本类标识涉及的交通道路系统，包括园区各级道路、交通线、人行通道、停车区域以及车站、码头等交通设施，其标识由运营管理部门会同交通主管部门统一设置。

设计内容：

（1）园区道路标识

    1）路名标识牌

    2）道路导向标识牌

（2）展馆、公共设施、商业设施、服务设施标识

    1）展馆区域图

    2）商业设施区域图

    3）服务设施区域图

    4）编号系统

    5）门牌标识

（3）园区公交线标识

    1）园内公交路线图

    2）园内公交线站牌

（4）园区人行通道标识

    1）人行平台、地下公共人行系统的名称

    2）人行通道行走导向标识

    3）无障碍设计专用导向标识

（5）地面有轨交通线标识：线路名称、车站

（6）园区物流交通线标识：导向、物流类别、仓库位置、禁令标识

（7）直升机升降点标识（3处）

（8）越江轮渡交通标识（6个轮渡/12个泊位/5条航线）

（9）公务码头及泊位标识

4．园区公共配套设施标识

本类标识涉及的公共配套设施，包括主办者为实现园区正常运营管理的管理设施、运营设施，以及为满足参展者、参观者需要的服务设施和功能设施。

本类标识为上海世博会运营管理部门负责设置的主要标识，也是体现世博园区视觉规范的主体内容，应进行统一设计、制作和安装。

以参观者为服务对象的服务设施和功能设施标识，应作为重点设计和设置项目。商业设施标识中，凡属于商业设施自身品牌标识的，应遵循园区世博标识系统的基本原则。

设计内容：

（1）管理设施标识：信息控制中心、安保中心、防灾救灾中心、医疗救护中心、新闻中心、贵宾接待中心、物流仓储中心等

（2）运营设施标识：园区交通、供电、给水、雨水、污水、电信、消防、环卫等（主要由职能部门负责）

（3）商业服务设施标识

    1）餐饮设施标识

        （a）固定餐饮商铺

        （b）流动餐饮点

        （c）免费饮水处

        （d）饮食品自动售卖机

    2）购物设施标识

        （a）世博特许产品零售店

        （b）一般商业设施（商店、便利店、冲印店）

        （c）银行

        （d）自助售货装置

    3）援助设施标识

        （a）无障碍设施—轮椅出借

        （b）儿童托管中心

        （c）失物招领处

        （d）急救站

        （e）警务站

    4）功能设施标识

        （a）世博信息系统：问询处、电子信息屏——宣传和活动告示、园区总平面图、志愿者中心、临时信息告知等

        （b）厕所

（c）垃圾箱

（d）取款机、外币兑换点

（e）物品寄存

（f）电话

（g）吸烟处

（h）休息处

5．园区景观环境标识

本类标识涉及的园区景观环境，包括绿化、公共广场、公共艺术品、街俱、照明系统、户外广告及公共警示等，由世博运营管理部门统一设置。设计应充分体现景观环境特点，与周围建筑协调，并能体现未来城市的设计感。

设计内容：

（1）片区标识

（2）绿化标识

（3）广场标识

（4）雕塑（艺术品）标识

（5）街俱（座椅、喷泉等）

（6）照明系统标识

（7）户外公益广告

（8）公共警示标识

6．历史保护建筑与保留建筑标识

本类标识涉及的历史保护建筑与保留建筑，根据相关文物保护机构和历史保护建筑主管机构的公告或规定，结合世博最新规划进行界定，由世博运营管理部门与市旅委协调共同设置。

设计内容：

（1）文物单位和历史保护建筑标识

（2）历史保留建筑标识

（3）改造利用建筑标识

7．园区市政设施标识

本类标识涉及的园区市政设施，包括供水、排水、供能、信息、环卫、邮政等市政设施，原则由各市政管理部门按照其规定，在相关设施区域设置标准标识。

运营管理部门可另行设计、制作统一的以参观者为对象的市政设施标识，以名称标识、禁令标识为主，在园区公共区域设置安装，具体内容归入"运营设施标识"。

展馆、公共活动建筑（设施）内部的市政设施标识，应由布展方和相关部门进行沟通设置。

设计内容：

（1）供水系统标识：生活用水，绿化、市政用水

（2）排水系统标识：雨水，污水

（3）供能系统标识：供电系统、燃气系统、新能源

（4）信息系统标识：固网、移动通信、新型信息系统

（5）邮政系统标识：邮政处理站、邮政服务处

（6）环卫标识：垃圾处理、移动厕所停放处

（7）综合防灾系统标识：消防、气象、防汛以及紧急疏散系统

（8）市政综合管沟标识

（9）控制线标识：原水管、合流污水总管、微波通道

8．地下空间系统标识

地下空间系统涉及世博园区各地下通道与园区外的衔接，对部分参观者、运营管理人员均有重要用途，应根据相关建设规划的进展进行标识系统的规划设计。

设计内容：

（1）地下公共活动设施标识

（2）地下停车场标识

9．临时和紧急标识

由于世博会人流密集，经常有临时性的疏散人流的需要，因此需要设计一系列具有临时使用功能的标识，便于紧急状况使用。志愿者是世博会流动的标识，其服装、配饰等应有系统的视觉识别性，应由运营管理部门统一规范。

设计内容：

（1）志愿者

（2）临时排队标识

（二）围栏区外红线区内

1．出入口标识

世博会主入口标识涉及围栏区内外两部分，围栏区外为参观者进入世博园区需要使用的重要部分，应由运营管理部门进行统一规划设计。

设计内容：

（1）出入口

1）出入口名称、出入口方向指示、开园时间和闭园时间

2）候检票排队标识

（2）售票处

1）售票处名称、售票处方向指示

2）售票排队标识

（3）出入口集散广场

1）出入口集散广场平面图

2）交通枢纽和停车场导向和距离标识

2．配套区内建筑构造标识

配套区内建筑构造的标识设计，应与世博园区标识设计保持一致性和系统性。

设计内容：

（1）世博村

1）世博村电子信息标识

2）酒店、酒店式公寓、普通公寓相关标识

3）交通标识：交通通勤班车站点、停车场

4）餐饮服务设施和购物服务设施标识（餐饮店，特许产品销售点、专卖店、便利店等）

5）信息服务设施（公共商务中心、网吧等）

6）功能服务设施标识（医疗保障点、医疗急救站、药店、洗衣店、保洁服务站、邮局、健身中心、饮水点、出租车站点、银行网点等）

（2）浦西博物馆及配套服务设施

3．公共交通系统标识

配套区内公共交通系统标识，由世博运营管理部门协同交通管理部门规划设计。

设计内容：

（1）停车场：公共停车场、VIP服务停车场名称，停车场开放时间

（2）公交枢纽：轨道交通、公交巴士、出租车等

4．公共旅游系统标识

配套区内公共旅游系统标识，由世博运营管理部门协同旅游管理部门规划设计。

设计内容：

（1）酒店

（2）世博旅游信息中心

5．公共景观环境系统标识

配套区内公共景观环境系统标识，由世博运营管理部门协同园林绿化部门规划设计。

设计内容：

（1）绿化标识

（2）雕塑（艺术品）

（3）街俱

（4）户外广告

　　　a）世博公益广告

　　　b）商业广告

6．公共配套设施系统标识

围栏区外的公共配套设施的标识，与围栏区内应保持一致，体现世博园区标识系统的统一性。世博信息系统应统一由世博运营管理部门和新闻宣传部门规划设计和设置管理。

设计内容：

（1）服务设施：餐饮设施，购物设施，援助设施，功能设施（世博信息系统、厕所）

（2）运营设施：工作人员专用通道

7．临时和紧急标识

志愿者是流动的导向标识，其服饰应由运营管理部门统一规范。还应设计一些具有临时功能的导向标识，便于紧急状况使用。

设计内容：

（1）志愿者

（2）临时排队标识

六、世博园区外相关标识内容分类需求

因世博会举办期间，预计将会有大量参观者进入上海市区，世博园区外的必要指引和宣传，都是确保世博会正常运营的重要保障。原则上由世博会组织者与相关职能部门，如旅游管理、道路交通管理等部门进行协调，会同进行世博相关标识的设置。

（一）**内容分类**

1. 协调区内

（1）协调区内建筑与环境建造整治标识

    1）建筑

    2）绿化

    3）街俱

2. 其他区域

（1）综合交通系统标识

    1）世博会规划区城市道路标识：快速路、主干路、次干路、支路，道路用地

    2）公共交通设施标识：轨道交通及车站、磁浮交通及车站、地面公交枢纽、停车设施、越江隧道、越江轮渡、码头等

    3）物流交通标识：水路、陆路

（2）公共旅游系统标识

    1）机场

    2）火车站、长途公共汽车站、旅游集散中心

    3）酒店

    4）旅游信息中心

（3）公共景观环境系统标识

    1）绿化

    2）户外广告

（4）公共配套设施系统标识

    1）世博赞助商商业设施

    2）世博特许产品专卖店

（二）**与相关部门的协调**

（1）旅游管理部门

（2）道路交通管理部门

（3）历史保护建筑管理部门

七、园区标识分布说明、预估数量与基本形式

世博园区的标识系统，将依照信息内容的功能性特点，主要分为：

1. 出入口标识；

2. 园区交通道路标识；

3. 园区建筑建造标识；

4. 园区公共配套设施标识；

5. 园区景观环境标识等类别。

（一）园区标识分布说明

1. 出入口标识分布图

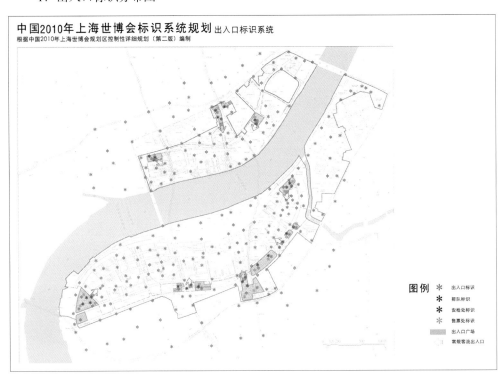

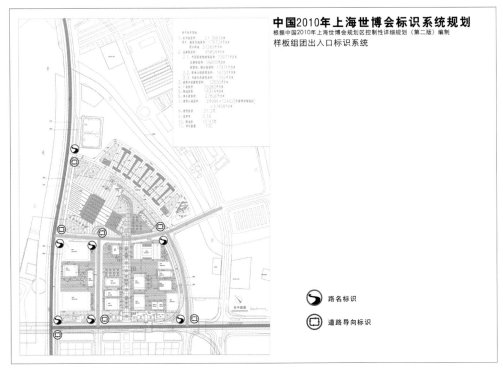

2. 出入口标识系统设计说明

（1）出入口名称

设置地点：各出入口处

分布密度：每个出入口均设一个

预估数量：8个

（2）出入口导向

设置地点：围栏区内设置在道路交叉点及公共广场，围栏区区外设置在道路交叉点，从距离出入口1000米处开始设置。

分布密度：围栏区内沿园区道路以150米左右的直线距离间隔设置。围栏区外从距离出入口1000米处开始，以200米的直线距离为间隔沿路设置；直至距离出入口200米处开始，以50米的直线距离为间隔沿路设置。

预估数量：250

（3）出入口广场平面图

设置地点：各出入口广场

分布密度：各出入口广场路口处，主入口广场每个点设置两个，副入口广场每点一个。如广场周边为长距离直道，以50米的直线距离为间隔沿路设置。

预估数量：16

（4）停车场名称

设置地点：23个停车场入口

分布密度：停车场出入口处，大型停车场设置2个。

预估数量：40

（5）停车场导向

设置地点：各出入口广场以及园区外主要道路路口

分布密度：各出入口广场以及园区外围1000左右主要道路路口。主入口广场每个点设置两个，副入口广场每点一个。

预估数量：220

（6）售票处名称

设置地点：各出入口广场售票处

分布密度：每个售票处设置一个

预估数量：8

（7）售票处导向

设置地点：各出入口广场交通枢纽附近、停车场出入口

分布密度：主入口广场6～10个，副入口广场4～6个

预估数量：60

（8）安检处名称

设置地点：各出入口广场安检处

分布密度：各安检处设置1个

预估数量：8

（9）出入口排队标识

设置地点：各出入口广场

分布密度：主入口检票口设置2个，距离检票口100米处设置2个

预估数量：32

3．园区交通道路标识分布图

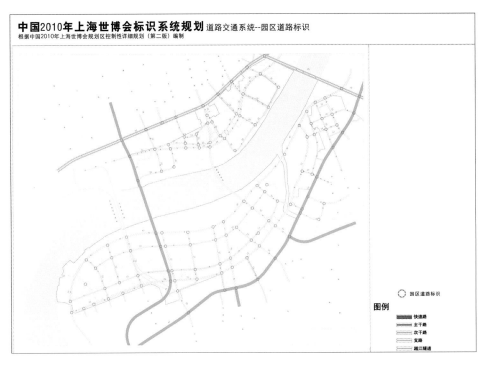

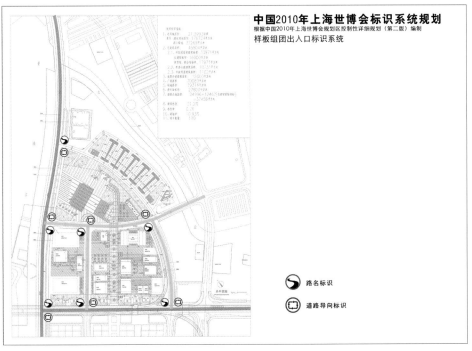

4. 园区交通道路标识设计说明（略）

5. 园区建筑建造标识分布图

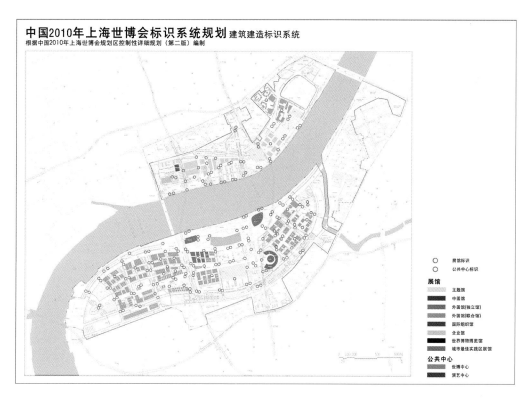

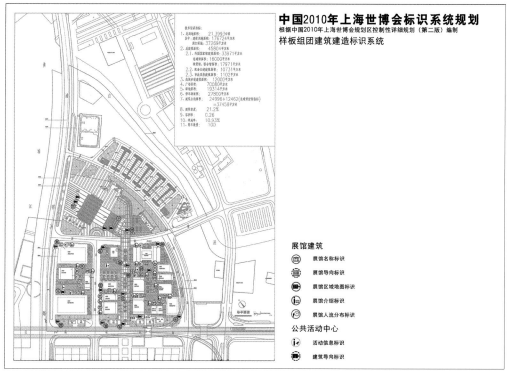

6. 园区建筑建造标识设计说明（略）

7. 园区公共配套设施标识分布图

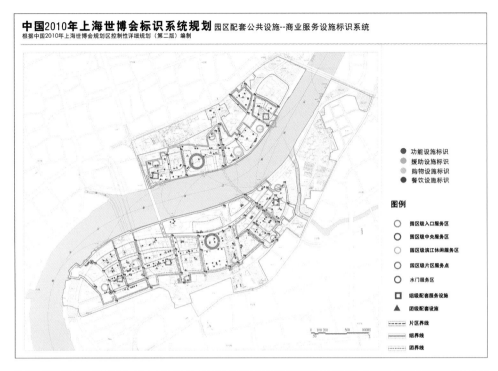

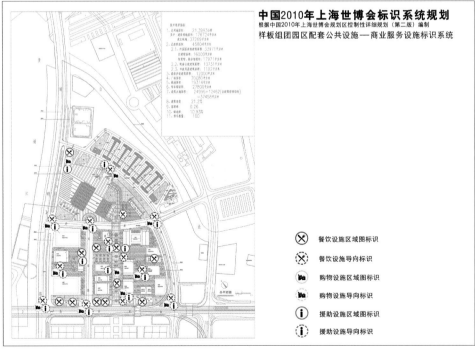

8. 园区公共配套设施标识设计说明（略）

9. 园区景观环境标识分布图

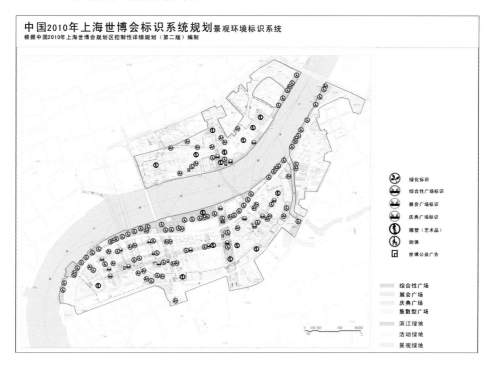

10. 园区景观环境标识设计说明（略）

11. 园区总体标识分布图

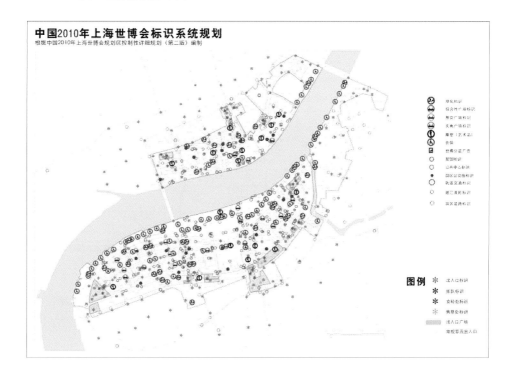

（二）园区标识数量预估和基本形式

1．世博园区标识分类表（以参观者为对象）

（1）出入口标识

类别	设计范围	主要标识		内容信息	形式特点	预估数量	职能单位
出入口标识	陆上出入口8个、水上出入口3个	出入口	出入口名称	标明各主入口、副入口的名称	固定	8个	世博局
			出入口导向	出入口方向和距离指示	固定+临时	250个	世博局
			主出入口集散广场平面图	显示出入口及售票处、交通枢纽、停车场、商业服务设施位置	固定	16个	世博局
			候检票排队标识	告知排队检票入场所需等候时间	移动+临时	32个	世博局
			交通枢纽导向	出入口附近交通枢纽方向指示	固定	60个	世博局
			停车场导向	出入口停车场方向指示	固定	220个	世博局
		售票处	售票处名称	出入口附近售票处名称	固定	8个	世博局
			售票处导向	售票处方向指示	固定	60个	世博局
			售票排队标识	告知售票排队所需等候时间	移动+临时	32个	世博局
			票务信息	告知票务信息	固定电子屏	16个	世博局
		安检处	安检处名称	标明安检处名称	固定	8个	世博局
			安检须知	告知安检须知	固定	8个	世博局

（2）园区交通道路标识（略）

（3）园区建筑建造标识（略）

（4）园区公共配套设施标识（商业服务设施）（略）

（5）园区景观环境标识（略）

2. 园区标识基本形态图示

参考文献

［1］［西］塞拉茨．周刚，于凤军，牛晓春译．公共标识与导视设计．大连：大连理工大学出版社，2007．

［2］［德］于贝勒编．高毅译．导向系统设计．北京：中国青年出版社，2008．

［3］［美］维恩．亨特．高子梅译．环境景观识别设计．大连：大连理工大学出版社，2003．

［4］［美］芬克．［美］迪尔沃兹．杨晓峰，张谦译．公共环境标识设计．合肥：安徽科学技术出版社，2001．

［5］［美］《时代标识》杂志编辑部．杨晓峰，张谦译．国际标识集萃．合肥：安徽科学技术出版社，2001．

［6］［德］阿卜杜拉．［德］许贝纳．赵璐译．图示与图标设计．北京：中国青年出版社，2007．

［7］［德］马库斯·沙伊贝尔，克里斯蒂安·隆格．王婧译．城市导视——城市公共指引系统．辽宁：辽宁科学技术出版社，2010．

［8］张俭峰，周韧．当代视觉设计精品——欧洲篇．上海：上海财经大学出版社，2005．

［9］张先慧．华文指示系统设计1．广东：岭南美术出版社，2005．

［10］喻湘龙著．公共环境标识设计．广西：广西美术出版社，2006．

［11］中国2010年上海世博会标识系统总体框架专项设计项目方案2007．

［12］中国2010上海世博会标识设计指导手册　上海世博会事务协调局2009．

［13］Japan Display Design Association, Japan Sign Design Association. Disply, commercial space& sign deign. Hosokawa Yasuo Rikuyusha Co.,Ltd,2003, Vol.31

［14］Japan Display Design Association, Japan Sign Design Association. Disply, commercial space& sign deign. Fujii Kazuhiko Rikuyusha Co.,Ltd,2010, Vol.37

［15］1+1 Signage Design. August Media Publishing Co.,Ltd. 2004.

［16］2005 World Exposition Aichi Japan. GK Corporation Design Concept. 2005.

［17］2005 World Exposition Aichi Japan. Azur Corporation. 2007.

［18］FOLLOW ME—wayfinding & sign system. SendPoints Publishing Co.,Ltd. 2010.

［19］Guide Sign Graphics .PIE Publishing Co.,Ltd. 2007.

［20］Wayfinding. Design Media Publishing Co.,Ltd.

［21］FOLLOW ME—wayfinding & sign system. SendPoints Publishing Co.,Ltd. 2012.